FORSCHUNGSBERICHTE DES LANDES NORDRHEIN-WESTFALEN

Nr. 2172

Herausgegeben im Auftrage des Ministerpräsidenten Heinz Kühn
und des Ministers für Wissenschaft und Forschung Johannes Rau
von Leo Brandt

Dr.-Ing. Klaus Hans Finke
Prof. Dr. rer. nat. Hans Grönig

Lehrstuhl für Allgemeine Mechanik
an der Rhein.-Westf. Techn. Hochschule Aachen
Institutsdirektor: Prof. Dr. sc. techn. F. Schultz-Grunow

Untersuchung von Hyperschallströmungen bei kleinen Reynoldszahlen

SPRINGER FACHMEDIEN WIESBADEN GMBH 1971

ISBN 978-3-663-19944-1   ISBN 978-3-663-20289-9 (eBook)
DOI 10.1007/978-3-663-20289-9

Verlags-Nr. 012172

© 1971 by Springer Fachmedien Wiesbaden
Ursprünglich erschienen bei Westdeutscher Verlag GmbH, Opladen 1971
Gesamtherstellung: Westdeutscher Verlag

Inhaltsverzeichnis

Bezeichnungen 5

1. Einleitung 7
   1.1 Ziel der Arbeit 7
   1.2 Einführung in die Untersuchungsmethoden 7

2. Die Theorie der dissoziierten laminaren Plattengrenzschicht   8
   2.1 Einleitung 8
   2.2 Grenzschichtgleichungen für ein reagierendes Gas 9
   2.3 Reduzierung der Grenzschichtgleichungen auf gewöhnliche Differential-
       gleichungen 11
   2.4 Die dimensionslosen Transportparameter 17
   2.5 Wärmeübergang bei der dissoziierten Grenzschicht 19
   2.6 Grenzfälle: Gleichgewichtsgrenzschicht, partiell eingefrorene und einge-
       frorene Grenzschicht mit nichtkatalytischer Wand 20
   2.7 Numerische Berechnung des Wärmeübergangs 22

3. Der experimentelle Aufbau 24
   3.1 Der Hyperschallstoßwellenkanal 24
   3.2 Wärmeübergangsmessungen 25

4. Ergebnisse 26
   4.1 Vergleich der Wärmeübergangsmessungen mit der Theorie 26
   4.2 Zusammenfassung 28

Literaturverzeichnis 30

Anhang 31

Bezeichnungen

a_1, a_2, a_3	Abkürzungen, siehe Gl. (2.7–4, 5, 6)
$C = \dfrac{\varrho\mu}{\varrho_e\mu_e}$	Abkürzung, siehe Gl. (2.3–16)
C_i	Massenbruch der i. Komponente
$\bar{C}_p = C_{pf}$	spezifische Wärme der Mischung bei konstantem Druck im eingefrorenen Zustand
c_f	Reibungskoeffizient
c	spezifische Wärme des Glasisolationskörpers
C_{pi}	spezifische Wärme der i. Komponente bei konstantem Druck
D	Dissoziationsenergie pro Molekül
D_{12}	binärer Diffusionskoeffizient
E	Eckert-Zahl
$f(\eta)$	siehe Gl. (2.3–6)
$g(\eta)$	siehe Gl. (2.3–33)
h	spezifische Enthalpie der Mischung
h_i	spezifische Enthalpie der i. Komponente
h_i^0	Bildungswärme der i. Komponente
H	Gesamtenthalpie der Mischung
H_r	Referenz-Enthalpie
I	Strom im Filmthermometer
k	Wärmeleitungskoeffizient bzw. Boltzmann-Konstante
Le	Lewis-Zahl
m_A	Masse eines Atoms
M_s	Stoßmachzahl
M_∞	Strömungsmachzahl
$N(x)$	siehe Gl. (2.3–6, 22, 25)
p	Druck
p_i	Partialdruck
Pr	Prandtl-Zahl
$\dot{q}$	Wärmestrom
R	Widerstand des Platinfilms
$\bar{R}$	Gaskonstante der Mischung
Re	Reynoldszahl
r	Recovery-Faktor
s	transformierte Koordinate, siehe Gl. (2.3–24)

Sc	Schmidt-Zahl
t	Zeit
T	Temperatur bzw. Oberflächentemperaturzunahme
T_e	Eigentemperatur
T_{ges}	Gesamttemperatur der Anströmung
T_{stat}	statische Temperatur der Anströmung
u	Geschwindigkeit in x-Richtung
ΔU	Spannungsänderung am Filmthermometer
v	Geschwindigkeit in y-Richtung
V_i	Diffusionsgeschwindigkeit der i. Komponente
$\dot{w}_i$	Differenz zwischen dissoziierter und rekombinierter Masse pro Volumen- und Zeiteinheit
x	Koordinate parallel zur Wand
y	Koordinate senkrecht zur Wand
$z_i(\eta)$	siehe (Gl. 2.3–32)
$\alpha = C_A$	Dissoziationsgrad bzw. Temperaturkoeffizient des Platins
β	Glas-Materialkonstante
δ	Geschwindigkeitsgrenzschichtdicke
δ_T	Temperaturgrenzschichtdicke
$\eta(x,y)$	transformierte Koordinate, siehe Gl. (2.3–23)
μ	dynamische Zähigkeit
ν	kinematische Zähigkeit
ϱ	Dichte
τ_w	Schubspannung an der Wand
τ	laufende Zeitkoordinate
ψ	Stromfunktion
θ_D	charakteristische Dissoziationstemperatur
θ_v	charakteristische Schwingungstemperatur

Indices

1, 2, 3, 4, 5	Gebiete im Stoßwellenrohr, siehe Abb. 8
A	Atom
e	Gleichgewichtsströmung bzw. Zustand der ungestörten Strömung am Grenzschichtrand
f	eingefrorene Strömung
i	Komponente i
M	Molekül
pf	partiell eingefrorene Strömung
T	Differentiation nach der Temperatur
w	Wand
$*$	dimensionslose Größe

1. Einleitung

1.1 Ziel der Arbeit

In der Raumfahrttechnik spielt beim Wiedereintritt von Flugkörpern in die Atmosphäre der Wärmeübergang auf den Körper eine große Rolle. Wenn man zur Abbremsung des Raumflugkörpers, der sich mit großer Geschwindigkeit der Erde nähert, den Reibungswiderstand der Luft benutzen will, so wird ein wesentlicher Teil der kinetischen Energie in Form von Wärme auf den Flugkörper übertragen. Der Strömungsphysik stellen sich hier Aufgaben, zu deren Lösung es noch großer Anstrengungen bedarf.

Die Strömung in der Grenzschicht kann laminar oder turbulent sein, wobei der Charakter der Grenzschichtströmung im wesentlichen von der Höhe der Reynoldszahl bestimmt wird. Die Frage, wann der Übergang von der laminaren zur turbulenten Grenzschicht eintritt, wird von verschiedenen Autoren unterschiedlich beurteilt. SCHLICHTING [1] gibt als kritische Reynoldszahl für die Plattenströmung $3,2 \cdot 10^5$ an, oberhalb der die Strömung turbulent wird.

In der Abb. 1* sind für verschiedene Flugkörper-Abstiegsbahnen im Flugkorridor die Reynoldszahlen pro Meter eingetragen [2]. Man sieht, daß das Gebiet kleiner Reynoldszahlen einen wesentlichen Teil des Abstiegs überdeckt. Wir wollen uns hier jedoch auf die Kontinuumsströmung bei kleinen Reynoldszahlen beschränken, bei denen die Grenzschicht laminar ist.

In diesem Zusammenhang sei erwähnt, daß die kritischen Wärmeübergangsprobleme im Bereich der Kontinuumsströmung auftreten, da dort die maximale aerodynamische Erwärmung eines Wiedereintrittskörpers vorliegt.

Beim Hyperschallflug in Gasen kleiner Dichte, also kleinen Reynoldszahlen, ist es wichtig zu wissen, ob sich die Gasströmung nach dem Durchgang durch eine Stoßwelle oder eine Expansionswelle im Gleichgewicht oder Nichtgleichgewicht befindet. Hiervon hängt der Wärmestrom auf den Flugkörper entscheidend ab.

Bei den sehr großen Strömungsgeschwindigkeiten ändert sich der Zustand des einzelnen Gasteilchens so schnell, daß die durchlaufenen Zustände keine Gleichgewichtszustände mehr sind, es treten vielmehr Relaxationserscheinungen auf. Ist die Relaxationszeit sehr groß, dann verlaufen die Vorgänge sehr langsam. Im Grenzfall spricht man von einer eingefrorenen Strömung, bei der sich der thermodynamische Gleichgewichtszustand nicht eingestellt hat. Ist die Relaxationszeit dagegen sehr klein, dann verlaufen die Vorgänge sehr schnell, die inneren Energien werden schnell ausgetauscht. Im Grenzfall unendlich großer Reaktionsgeschwindigkeit herrscht thermodynamisches Gleichgewicht.

Ziel der Arbeit ist die Untersuchung des Wärmeübergangs bei Hyperschallströmungen teilweise dissoziierten Sauerstoffs bei kleinen Reynoldszahlen unter Berücksichtigung von Nichtgleichgewichtseffekten. Sauerstoff wurde gewählt, da dessen Dissoziationsenergie relativ gering ist, so daß im zur Verfügung stehenden Stoßwellenkanal ausreichende Dissoziationsgrade erzielt werden konnten.

1.2 Einführung in die Untersuchungsmethoden

Für die Simulation von Hyperschallströmungen hat sich der Stoßwellenkanal als besonders brauchbar erwiesen, da bei beliebiger Wahl des Anfangsdruckes die Stoßmachzahl und die Strömungsmachzahl in sehr weiten Grenzen variiert werden können. Die

---

* Die Abbildungen erscheinen im Anhang

erreichbaren hohen Temperaturen ermöglichen insbesondere die Beobachtungen von Strömungen teilweise dissoziierter Gase mit Nichtgleichgewichtseffekten.

Der relativ einfachen Erzeugung von Gasen hoher Temperatur und großer Geschwindigkeit im Stoßwellenkanal steht nur eine kurze Meßzeit gegenüber, die maximal bis zu einer Millisekunde beträgt. Es ist also die Anwendung der Kurzzeitmeßtechnik erforderlich, wie sie von SCHULTZ–GRUNOW [3] erläutert wurde.

Als Modell wurde ein zweidimensionaler Keil mit anschließender Expansionsecke benutzt. Die Grundidee besteht in der Aufheizung des Sauerstoffs in der Meßstrecke durch einen definierten schiefen Stoß mit anschließender schneller aerodynamischer Abkühlung des partiell dissoziierten Gases an einer zurückspringenden Ecke. Bei den untersuchten großen Expansionswinkeln ist die Temperatur ein sehr sensibles Maß für den Nichtgleichgewichtszustand des Gases. Dies trifft auch für den Temperaturgradienten an der Wand eines isothermen Modells zu. Es wurden daher erstmals Wärmeübergangsmessungen mit Dünnschichtfilmthermometern zur Bestimmung des Gaszustandes hinter einer Nichtgleichgewichts-Prandtl-Meyer-Strömung gemacht. Diese Messungen werden mit Grenzschichtrechnungen für eine dissoziierte laminare Grenzschicht verglichen [4].

2. Die Theorie der dissoziierten laminaren Plattengrenzschicht

2.1 Einleitung

Bei der Strömung eines realen Gases mit chemischen Reaktionen hängt der Wärmeübergang an der Wand entscheidend vom thermodynamischen Zustand des Gases in und außerhalb der Grenzschicht ab. Der Wärmeübergang ist also eine sehr geeignete Größe zur Bestimmung des Nichtgleichgewichtszustandes einer Gasströmung.

Neben den chemischen Reaktionen treten in der Grenzschicht auch Diffusionsvorgänge auf, die für die Wärmeübertragung bedeutsam sind. Es soll hierbei ein Gemisch aus Molekülen und Atomen betrachtet werden. Im allgemeinen ist der Dissoziationsgrad über die Grenzschichtdicke veränderlich, so daß bei kalter Wand durch Diffusion ein Massenstrom der Atome in Wandrichtung und ein Massenstrom der Moleküle in entgegengesetzter Richtung stattfindet. Da die Atome als Träger der Dissoziationsenergie anzusehen sind, trägt die Diffusion zum Wärmestrom an die Wand bei. Dieser Effekt ist besonders dann wichtig, wenn die Körperoberfläche eine katalytische Rekombinationsfähigkeit aufweist. Durch qualitative Abschätzungen kann man zeigen, daß man bei der Berücksichtigung des Einflusses der Diffusion die Thermo- und bei nicht zu stark gekrümmten Wänden die Druckdiffusion vernachlässigen kann [5].

Ausgehend von den Grenzschichtgleichungen für eine Gasmischung wird die Theorie der laminaren Plattengrenzschicht entwickelt, wobei die chemischen Reaktionen und der Massentransport infolge Diffusion berücksichtigt werden. Es werden ähnliche Lösungen der Grenzschichtgleichungen gesucht, so daß die partiellen Differentialgleichungen auf gewöhnliche Differentialgleichungen reduziert werden können. Die Plattengrenzschicht kann als Spezialfall der allgemeinen instationären Stoßwellengrenzschicht angesehen werden [6].

2.2 Grenzschichtgleichungen für ein reagierendes Gas

Die gasdynamischen Grundgleichungen für die ebene, stationäre, dissoziierte Grenzschicht sind die Erhaltungsgleichungen für die Masse, für die Teilchensorten, für den Impuls und für die Energie. Hinzu kommen die thermische und die kalorische Zustandsgleichung der Gasmischung.

Kontinuitätsgleichung

Summiert man die Kontinuitätsgleichungen der Komponenten über sämtliche Komponenten, so erhält man [7]

$$\frac{\partial(\varrho u)}{\partial x} + \frac{\partial(\varrho v)}{\partial y} = 0 \qquad (2.2\text{--}1)$$

Die Kontinuitätsgleichung für ein Gasgemisch unterscheidet sich also nicht von der Kontinuitätsgleichung für ein homogenes Gas.

Transportgleichung für die i. Komponente

Auf der linken Seite dieser Transportgleichung erscheint die Konvektion der i. Komponente des strömenden Gasgemisches, während auf der rechten Seite Glieder stehen, welche die Diffusion und die Bildung dieser Komponente aus anderen Komponenten durch Dissoziation und Rekombination angeben [8].

$$\varrho u \frac{\partial C_i}{\partial x} + \varrho v \frac{\partial C_i}{\partial y} = \frac{\partial}{\partial y}\left[\varrho D_{12} \frac{\partial C_i}{\partial y}\right] + w_i \qquad (2.2\text{--}2)$$

Der erste Term auf der rechten Seite der Bilanzgleichung (2.2–2) gibt den durch Diffusion erzeugten Massenstrom der i. Komponente in y-Richtung an, während der zweite Term die Differenz zwischen dissoziierter und rekombinierter Masse pro Volumen- und Zeiteinheit darstellt. Weiterhin bedeuten:

$C_i = \frac{\varrho_i}{\varrho}$ Konzentration bzw. Massenbruch der i. Komponente
D_{12} binärer Diffusionskoeffizient
x, y Koordinaten parallel bzw. senkrecht zur Wand
u, v Geschwindigkeitskomponenten in x- bzw. y-Richtung

Die Temperatur- und Druckdiffusion werden vernachlässigt. Die Druckdiffusion senkrecht zur Wand ist auch schon deshalb unbedeutend, weil der Druck in der Grenzschicht bei festgehaltenem x näherungsweise konstant ist.

Impulsgleichungen

Die Impulsgleichungen bleiben für ein Gasgemisch dieselben wie für ein homogenes Gas, sofern man die Dichte und die Zähigkeit des Gemisches einsetzt. Für die x- und y-Richtung gilt:

$$\varrho u \frac{\partial u}{\partial x} + \varrho v \frac{\partial u}{\partial y} = -\frac{\partial p}{\partial x} + \frac{\partial}{\partial y}\left[\mu \frac{\partial u}{\partial y}\right] \qquad (2.2\text{--}3)$$

$$0 = -\frac{\partial p}{\partial y} \rightarrow p = p_e \qquad (2.2\text{--}4)$$

Die Gl. (2.2–4) sagt aus, daß der Druck in einer stationären Strömung nur eine Funktion von x ist. Diese Näherung geht auf Prandtl zurück. Der Index e bedeutet hier Zustand der ungestörten Strömung am Grenzschichtrand.

Energiegleichung

Wenn ein Gas aus mehr als einem chemischen Reaktionspartner besteht, tritt der Wärmeenergietransport nicht nur infolge Wärmeleitung, sondern auch durch Diffusionsströme chemischer Enthalpie auf. In einer zweidimensionalen Grenzschichtströmung ist daher der Energietransport senkrecht zu den Stromlinien [9]

$$\dot{q} = -k\frac{\partial T}{\partial y} + \sum_i C_i V_i h_i \varrho, \qquad (2.2\text{--}5)$$

mit

$$h_i \equiv \int_0^T C_{pi} dT + h_i^0 \qquad (2.2\text{--}6)$$

h_i^0 ist die Bildungswärme der Gassorte i, d. h. die Dissoziationsenergie der Atome. Für die Moleküle ist also h_i^0 gleich Null. k ist der Koeffizient der Wärmeleitung. Für die betrachtete binäre Gasmischung lautet das Diffusionsgesetz

$$\varrho C_i V_i = -\varrho D_{12} \frac{\partial C_i}{\partial y} \qquad (2.2\text{--}7)$$

V_i ist die Diffusionsgeschwindigkeit der Komponente i. Damit wird

$$\dot{q} = -\left[k\frac{\partial T}{\partial y} + \varrho D_{12} \sum_i h_i \frac{\partial C_i}{\partial y}\right] \qquad (2.2\text{--}8)$$

Führt man die gesamte statische Enthalpie ein, welche die thermische und chemische Enthalpie enthält

$$h = \sum_i C_i h_i, \qquad (2.2\text{--}9)$$

so ist

$$dh = \sum_i C_i dh_i + \sum_i h_i dC_i = \bar{c}_p dT + \sum_i h_i dC_i \qquad (2.2\text{--}10)$$

mit

$$\bar{c}_p \equiv \sum_i C_i c_{pi} \equiv C_{pf} \qquad (2.2\text{--}11)$$

Der Energietransport infolge Wärmeleitung und Diffusion ergibt sich somit mit den Gl. (2.2–9, 10, 11) zu

$$\dot{q} = -\frac{k}{\bar{c}_p}\left\{\left[\frac{\partial h}{\partial y} - \sum_i h_i \frac{\partial C_i}{\partial y}\right] + \frac{\varrho D_{12}\bar{c}_p}{k}\sum_i h_i \frac{\partial C_i}{\partial y}\right\} \qquad (2.2\text{--}12)$$

Die Energiegleichung für ein homogenes Gas lautet [10]

$$\varrho u \frac{\partial H}{\partial x} + \varrho v \frac{\partial H}{\partial y} = \frac{\partial}{\partial y}\left[\mu u \frac{\partial u}{\partial y} + k \frac{\partial T}{\partial y}\right] \qquad (2.2\text{--}13)$$

Darin bedeuten: $H = h + u^2/2$, mit $v \ll u$ in der Grenzschicht, und $\mu =$ dynamische Zähigkeit.

In der Energiebilanzgleichung (2.2–13) erscheinen auf der rechten Seite die durch Dissipation vernichtete mechanische Energie und die durch Wärmeleitung zugeführte Wärmemenge. Bei einer reagierenden Gasmischung muß man noch zwei weitere Wärmequellen beachten, und zwar die Bildungswärme der Dissoziation und den Energietransport infolge Diffusion. Die Energiegleichung für die Grenzschicht einer reagierenden Gasmischung erhält man, wenn man beachtet, daß $dH = dh + d(u^2/2)$ ist. Unter Verwendung der Prandtl- und Lewis-Zahl

$$\text{Pr} \equiv \frac{\bar{c}_p \mu}{k}, \quad \text{Le} \equiv \frac{\varrho \bar{c}_p D_{12}}{k} \tag{2.2–14}$$

ergibt sich

$$\varrho u \frac{\partial H}{\partial x} + \varrho v \frac{\partial H}{\partial y} = \frac{\partial}{\partial y} \left[\frac{\mu}{\text{Pr}} \frac{\partial H}{\partial y} + \mu \left(1 - \frac{1}{\text{Pr}} \right) \frac{1}{2} \frac{\partial u^2}{\partial y} \right] -$$

$$- \frac{\partial}{\partial y} \left[\left(\frac{1}{\text{Le}} - 1 \right) \varrho D_{12} \sum_i h_i \frac{\partial C_i}{\partial y} \right] \tag{2.2–15}$$

Thermische Zustandsgleichung

Die Zustandsgleichung für die i. Komponente des Gemisches lautet

$$p_i = \varrho_i R_i T_i, \tag{2.2–16}$$

wobei p_i der Partialdruck ist. Nimmt man eine gemeinsame Temperatur T an, so erhält man mit Hilfe des Gesetzes von Dalton

$$p = \sum_i p_i = T \sum_i \varrho_i R_i = \varrho T \sum_i C_i R_i = \varrho \bar{R} T \tag{2.2–17}$$

$\bar{R}$ ist hier die Gaskonstante des Gemisches. Bei dieser Schreibweise bleibt die Zustandsgleichung für ein Gasgemisch dieselbe wie die für ein homogenes Gas.
Die Gl. (2.2–1, 2, 3, 4, 15, 17) stellen zusammen mit der kalorischen Zustandsgleichung die kompletten Grenzschichtgleichungen für eine zweidimensionale, laminare Grenzschicht eines reagierenden Gases dar. Es sind nichtlineare, partielle Differentialgleichungen, die in obiger Form schwierig zu lösen sind.

2.3 Reduzierung der Grenzschichtgleichungen auf gewöhnliche Differentialgleichungen

Die Grenzschichtgleichungen des Abschnittes 2.2 sind nur in spezifischen Fällen lösbar, z. B. im Fall der Couette-Strömung, da dort die Gleichungen auf gewöhnliche Differentialgleichungen reduziert werden können. Diese Vereinfachung ist auch dann möglich, wenn die Grenzschichtströmung die Eigenschaft der Ähnlichkeit besitzt. Unter ähnlichen Strömungen werden hier Lösungen verstanden, die eine Verringerung der Variablen in den Differentialgleichungen zulassen. In dem hier betrachteten Fall der ebenen Strömung lassen sich die partiellen Differentialgleichungen für die noch zur Sprache kommenden Grenzfälle auf gewöhnliche Differentialgleichungen zurückführen.
Zu diesem Zweck wird ein Koordinatensystem (s, η) gesucht, das durch geeignete Transformationen aus dem kartesischen Koordinatensystem (x, y) so gewonnen wird, daß die Ableitungen der abhängigen Variablen voneinander trennbar sind [11].

Führt man Gl. (2.2–17) unter Verwendung von Gl. (2.2–4) in die Kontinuitätsgleichung (2.2–1) ein, so erhält man

$$\frac{\partial}{\partial x}\left[\frac{u}{\bar{R}T}\right] + \frac{\partial}{\partial y}\left[\frac{v}{\bar{R}T}\right] = -\frac{u}{\bar{R}T p_e}\frac{dp_e}{dx} \tag{2.3-1}$$

Mit der Stromfunktion

$$\psi(x,y) \equiv \int_0^y \frac{u}{\bar{R}T}\,dy + \psi(x,o) \tag{2.3-2}$$

ergibt sich aus Gl. (2.3–1)

$$\frac{\partial}{\partial y}\left[\frac{\partial \psi}{\partial x}\right] + \frac{\partial}{\partial y}\left[\frac{v}{\bar{R}T}\right] = -\frac{1}{p_e}\frac{dp_e}{dx}\frac{\partial \psi}{\partial y} \tag{2.3-3}$$

$\psi(x,o)$ berücksichtigt die Randbedingung an der Wand ($y=0$). Die Integration der Gl. (2.3–3) von $y=0$ bis $y=y$ liefert

$$\frac{v}{\bar{R}T} = -\frac{\partial \psi}{\partial x} - \frac{\psi}{p_e}\frac{dp_e}{dx} \tag{2.3-4}$$

Die Impulsgleichung (2.2–3) kann dann mit den Gl. (2.2–4) und (2.3–3, 4) geschrieben werden

$$\frac{\partial \psi}{\partial y}\frac{\partial u}{\partial x} - \left[\frac{\partial \psi}{\partial x} + \frac{\psi}{p_e}\frac{dp_e}{dx}\right]\frac{\partial u}{\partial y} = -\frac{1}{p_e}\frac{dp_e}{dx} + \frac{1}{p_e}\frac{\partial}{\partial y}\left[\mu\frac{\partial u}{\partial y}\right] \tag{2.3-5}$$

Zur Auffindung der ähnlichen Lösungen der Gl. (2.3–5) werden folgende Ansätze gemacht

$$\psi(x,\eta) \equiv N(x)\cdot f(\eta) \tag{2.3-6}$$

$$u(x,\eta) \equiv u_e(x)\cdot f'(\eta) \tag{2.3-7}$$

Gl. (2.3–7) liefert ähnliche Geschwindigkeitsprofile. Die Ähnlichkeitsvariable $\eta = \eta(x,y)$ ist noch undefiniert. Es bedeutet

$$f'(\eta) \equiv \frac{df}{d\eta} \tag{2.3-8}$$

Die Definition von η erfolgt mit den Gl. (2.3–2, 6, 7). Aus den Gl. (2.3–2, 6) folgt

$$\frac{\partial \psi}{\partial y} = \frac{u}{\bar{R}T} = \frac{\partial \psi}{\partial \eta}\frac{\partial \eta}{\partial y} = N(x)f'(\eta)\frac{\partial \eta}{\partial y}, \tag{2.3-9}$$

und Gl. (2.3–7) liefert

$$\frac{u}{\bar{R}T} = \frac{u_e(x)f'(\eta)}{\bar{R}T} \tag{2.3-10}$$

Damit findet man aus den Gl. (2.3–9, 10) und (2.2–4, 17)

$$\eta = \frac{u_e(x)}{N(x)}\int_0^y \frac{dy}{\bar{R}T} = \frac{\varrho_e u_e(x)}{p_e N(x)}\int_0^y \frac{\varrho}{\varrho_e}\,dy \tag{2.3-11}$$

Es muß noch $N(x)$ bestimmt werden. Dazu drückt man Gl. (2.3-5) in Termen der unabhängigen Variablen x und η, an Stelle von x und y, aus. Benutzt man die Gl. (2.3-6, 7, 11), so findet man

$$\frac{\partial \psi}{\partial y} = \frac{\varrho u_e}{p_e N(x)} \frac{\partial \psi}{\partial \eta} = \frac{\varrho u_e}{p_e} f' \qquad (2.3\text{-}12)$$

$$\frac{\partial u}{\partial x} = f' \frac{du_e}{dx} + u_e f'' \frac{\partial \eta}{\partial x} \qquad (2.3\text{-}13)$$

$$\frac{\partial \psi}{\partial x} = f \frac{dN(x)}{dx} + N(x) f' \frac{\partial \eta}{\partial x} \qquad (2.3\text{-}14)$$

$$\mu \frac{\partial u}{\partial y} = \frac{\varrho \mu u_e^2}{p_e N(x)} f'' = \frac{\varrho_e \mu_e u_e^2}{p_e N(x)} C f'', \qquad (2.3\text{-}15)$$

mit

$$C \equiv \frac{\varrho \mu}{\varrho_e \mu_e} \qquad (2.3\text{-}16)$$

Durch Einsetzen der Gl. (2.3-12, 13, 14, 15) in Gl. (2.3-5) ergibt sich

$$\left[\frac{\varrho u_e f'^2}{p_e} - \frac{\varrho_e u_e}{p_e}\right] \frac{du_e}{dx} - \left[f \frac{dN(x)}{dx} + \frac{fN(x)}{p_e} \frac{dp_e}{dx}\right] \frac{\varrho u_e^2}{p N(x)} f''$$

$$= \frac{1}{p_e} \frac{\varrho u_e}{p_e N(x)} \frac{\varrho_e \mu_e u_e^2}{p_e N(x)} (Cf'')' \qquad (2.3\text{-}17)$$

Dabei wurde aus Gl. (2.2-3) der asymptotische Wert für $y \to \infty$ eingesetzt:

$$\varrho_e u_e \frac{du_e}{dx} = -\frac{dp_e}{dx} \qquad (2.3\text{-}18)$$

Weiterhin ist

$$\frac{f}{p_e} \frac{d(Np_e)}{dx} = f \frac{dN(x)}{dx} + \frac{f}{p_e} N(x) \frac{dp_e}{dx} \qquad (2.3\text{-}19)$$

Setzt man dies in Gl. (2.3-17) ein, so findet man

$$(Cf'')' \frac{\varrho_e \mu_e u_e}{p_e N \frac{d(Np_e)}{dx}} + ff'' + \frac{1}{u_e} \frac{du_e}{dx} \frac{\frac{\varrho_e}{\varrho} - f'^2}{\frac{1}{p_e N} \frac{d(Np_e)}{dx}} = 0 \qquad (2.3\text{-}20)$$

Nun wird $N(x)$ so gewählt, daß folgendes gilt

$$\frac{\varrho_e \mu_e u_e}{p_e N \frac{d(Np_e)}{dx}} = 1, \qquad (2.3\text{-}21)$$

woraus folgt

$$2 \varrho_e \mu_e u_e = \frac{d(Np_e)^2}{dx}.$$

Für $N(x)$ erhält man also

$$N(x) = \frac{1}{p_e} \sqrt{2 \int_0^x \varrho_e \mu_e u_e \, dx} \qquad (2.3\text{--}22)$$

Die Kombination der Gl. (2.3–11, 22) ergibt die gesuchten unabhängigen Transformationsvariablen:

$$\eta = \frac{\varrho_e u_e}{p_e N} \int_0^y \frac{\varrho}{\varrho_e} \, dy = \frac{\varrho_e u_e}{\sqrt{2s}} \int_0^y \frac{\varrho}{\varrho_e} \, dy \qquad (2.3\text{--}23)$$

$$s = \int_0^x \varrho_e \mu_e u_e \, dx \qquad (2.3\text{--}24)$$

Die Gl. (2.3–22, 24) liefern

$$N = \frac{\sqrt{2s}}{p_e} \qquad (2.3\text{--}25)$$

Mit den Gl. (2.3–6, 7, 21, 23, 24, 25) wird aus Gl. (2.3–20)

$$(Cf'')' + ff'' + \frac{2s}{u_e} \frac{du_e}{ds} \left[\frac{\varrho_e}{\varrho} - f'^2 \right] = 0 \qquad (2.3\text{--}26)$$

Die Transformationsgleichungen (2.3–23, 24) ergeben sich also als Konsequenz bei der Suche nach ähnlichen Lösungen für die Impulsgleichung (2.2–3) und die Kontinuitätsgleichung (2.2–1). Diese Transformationsgleichungen, welche die partiellen Differentialgleichungen auf gewöhnliche Differentialgleichungen reduzieren, sollen jetzt auf die Grenzschichtgleichungen (2.2–2) und (2.2–15), also auf die Teilchenerhaltungsgleichung und die Energiegleichung, angewandt werden.
Zunächst sollen die folgenden Operatoren berechnet werden:

$$\varrho u \frac{\partial}{\partial x} + \varrho v \frac{\partial}{\partial y} \quad \text{und} \quad \frac{\partial}{\partial y} \left(Q \frac{\partial}{\partial y} \right)$$

Dabei soll $Q(x, y)$ irgendeine von x und y abhängige Größe sein. Nach einigen Umformungen mittels der Gl. (2.3–7, 24, 4, 18, 6, 11, 25) und (2.2–17) erhält man für den ersten Operator

$$\varrho u \frac{\partial}{\partial x} + \varrho v \frac{\partial}{\partial y} = \varrho \varrho_e u_e^2 \mu_e \left[f' \frac{\partial}{\partial s} - f' \frac{\partial \eta}{\partial s} \frac{\partial}{\partial \eta} - \frac{f}{2s} \frac{\partial}{\partial \eta} \right] \qquad (2.7\text{--}27)$$

Die Gl. (2.3–23, 25) liefern für den zweiten Operator

$$\frac{\partial}{\partial y} \left(Q \frac{\partial}{\partial y} \right) = \frac{\partial}{\partial \eta} \frac{\partial \eta}{\partial y} \left[Q \frac{\partial}{\partial \eta} \frac{\partial \eta}{\partial y} \right] = \frac{\varrho u_e^2}{2s} \frac{\partial}{\partial \eta} \left[\varrho Q \frac{\partial}{\partial \eta} \right] \qquad (2.3\text{--}28)$$

Die Anwendung dieser Operatoren auf die Gl. (2.2–2, 15) ergibt, wenn man die Schmidtzahl

$$\text{Sc} \equiv \frac{\mu}{\varrho D_{12}} \qquad (2.3\text{--}29)$$

und die Gl. (2.3-16) benutzt

$$f' \frac{\partial C_i}{\partial s} - f' \frac{\partial \eta}{\partial s} \frac{\partial C_i}{\partial \eta} - \frac{f}{2s} \frac{\partial C_i}{\partial \eta} = \frac{1}{2s} \frac{\partial}{\partial \eta} \left[\frac{C}{\mathrm{Sc}} \frac{\partial C_i}{\partial \eta} \right] + \frac{\dot{w}_i}{\varrho \varrho_e u_e^2 \mu_e} \quad (2.3\text{-}30)$$

$$f' \frac{\partial H}{\partial s} - f' \frac{\partial \eta}{\partial s} \frac{\partial H}{\partial \eta} - \frac{f}{2s} \frac{\partial H}{\partial \eta} = \frac{1}{2s} \frac{\partial}{\partial \eta} \left\{ \frac{C}{\mathrm{Pr}} \frac{\partial H}{\partial \eta} + C \left[1 - \frac{1}{\mathrm{Pr}} \right] \frac{1}{2} \frac{\partial u^2}{\partial \eta} \right\}$$

$$- \frac{1}{2s} \frac{\partial}{\partial \eta} \left\{ \frac{C}{\mathrm{Sc}} \left[\frac{1}{\mathrm{Le}} - 1 \right] \sum_i h_i \frac{\partial C_i}{\partial \eta} \right\} \quad (2.3\text{-}31)$$

Es wird angenommen, daß $C_i(x, \eta)$ und $H(x, \eta)$ auch ähnliche Lösungen haben. Das bedeutet

$$C_i = C_{ie} z_i(\eta) \quad (2.3\text{-}32)$$

$$H = H_e g(\eta) \quad (2.3\text{-}33)$$

Analog zur Gl. (2.3-7) werden also ähnliche Konzentrations- und Enthalpieprofile vorausgesetzt. Mit diesen Annahmen lassen sich die Gl. (2.3-30, 31) zu gewöhnlichen Differentialgleichungen umschreiben

$$\left[\frac{C}{\mathrm{Sc}} z_i' \right]' + f z_i' = \frac{2 s f' z_i}{C_{ie}} \frac{dC_{ie}}{ds} - \frac{2 s \dot{w}_i}{\varrho \varrho_e u_e^2 \mu_e C_{ie}} \quad (2.3\text{-}34)$$

$$\left[\frac{C}{\mathrm{Pr}} g' \right]' + f g' = \frac{2 s f' g}{H_e} \frac{dH_e}{d_s} + \left[\frac{C}{\mathrm{Sc}} \left(\frac{1}{\mathrm{Le}} - 1 \right) \sum_i \frac{h_i C_{ie}}{H_e} z_i' \right]'$$

$$+ \frac{u_e^2}{H_e} \left[\left(\frac{1}{\mathrm{Pr}} - 1 \right) C f' f'' \right]' \quad (2.3\text{-}35)$$

Hinzu kommt die oben abgeleitete Impulsgleichung

$$(C f'')' + f f'' = \frac{2s}{u_e} \frac{du_e}{ds} \left[f'^2 - \frac{\varrho_e}{\varrho} \right] \quad (2.3\text{-}26)$$

Die Teilchenerhaltungsgleichung (2.3-34), der Energiesatz (2.3-35) und die Impulsgleichung (2.3-26) stellen ein System von Differentialgleichungen mit den folgenden Randbedingungen dar:

$y = 0$			$y \to \infty$
$\eta = 0$			$\eta \to \infty$
$z_i(0) = z_{iw} = \dfrac{C_{iw}}{C_{ie}}$		Gl. (2.3-32)	$z_i \to 1$
$f'(0) = 0$		Gl. (2.3-7)	$f' \to 1$
$f(0) = 0$			
$g'(0) = g_w'$			$g \to 1$
$g(0) = g_w$		Gl. (2.3-33)	$g \to 1$

Die beiden letzten alternativen Randbedingungen für $y = 0$ gelten für einen vorgegebenen Wärmeübergang an der Wand oder für eine vorgegebene Wandtemperatur.

stellen ein System gekoppelter gewöhnlicher Differentialgleichungen mit der unabhängigen Variablen η dar, wenn

$$\frac{s}{C_{ie}}\frac{dC_{ie}}{ds} = \text{konst.}, \qquad \frac{s\dot{w}_i}{\varrho_e u_e \mu_e C_{ie}} = \text{konst.}$$

$$\frac{s}{H_e}\frac{dH_e}{ds} = \text{konst.}, \qquad \frac{u_e^2}{H_e} = \text{konst.}$$

$$\frac{h_{ie} C_{ie}}{H_e} = \text{konst.}, \qquad \frac{2s}{u_e}\frac{du_e}{ds} = \text{konst.}$$

und sowohl ϱ/ϱ_e als auch h_i/h_{ie} Funktionen von η allein sind. Für viele Fälle sind die obigen Einschränkungen erfüllt.

Die abgeleiteten Grenzschichtgleichungen gelten für beliebige zweidimensionale Körperformen. Druckgradienten in Strömungsrichtung wurden mit berücksichtigt. Das Gleichungssystem soll nun für eine *Plattenströmung* konstanter Anströmung spezialisiert werden. Die Größen außerhalb der Grenzschicht sind also unabhängig von x und damit auch von s, so daß alle Terme mit Ableitungen der Grenzschichtrandgrößen nach s herausfallen.

Es ergibt sich:

$$(Cf'')' + ff'' = 0 \qquad (2.3\text{-}36)$$

$$\left[\frac{C}{\text{Sc}} z_i'\right]' + f z_i' = -\frac{2s\dot{w}_i}{\varrho \varrho_e u_e^2 \mu_e C_{ie}} \qquad (2.3\text{-}37)$$

$$\left[\frac{C}{\text{Pr}} g'\right]' + fg' = \left[\frac{C}{\text{Sc}}\left(\frac{1}{\text{Le}} - 1\right) \sum_i \frac{h_i C_{ie}}{H_e} z_i'\right]' +$$

$$+ \frac{u_e^2}{h_e}\left[\left(\frac{1}{\text{Pr}} - 1\right) Cf'f''\right]' \qquad (2.3\text{-}38)$$

Es soll jetzt wieder ein binäres Gasgemisch aus Molekülen (M) und Atomen (A) mit den folgenden Konzentrationen betrachtet werden:

$$C_A = \alpha = \frac{\varrho_A}{\varrho}, \quad C_M = 1 - \alpha = \frac{\varrho_M}{\varrho} \qquad (2.3\text{-}39)$$

Für die Gaskonstante der Mischung ergibt sich nach Gl. (2.2-17) mit der Boltzmannkonstante k

$$\bar{R} = \sum_i C_i R_i = \alpha \frac{k}{m_A} + (1-\alpha)\frac{k}{2m_A} = (1+\alpha)\frac{k}{2m_A} \qquad (2.3\text{-}40)$$

m_A ist die Masse eines Atoms. Die Enthalpie berechnet sich zu

$$h = \frac{\varrho_A}{\varrho} h_A + \frac{\varrho_M}{\varrho} h_M = \alpha h_A + (1-\alpha) h_M, \qquad (2.3\text{-}41)$$

mit

$$h_A = \int_0^T C_{pA} dT + h_A^\circ \quad \text{und} \quad h_M = \int_0^T C_{pM} dT \qquad (2.3\text{-}42)$$

Die Bildungswärme der Atome ergibt sich aus der Dissoziationsenergie pro Molekül D

$$h_A^\circ = \frac{D}{2\,m_A} = \frac{k}{2\,m_A}\frac{D}{k} = R_M \cdot \theta_D \qquad (2.3\text{-}34)$$

Mit diesen Bezeichnungen erhält man aus der Teilchenerhaltungsgleichung (2.2–2) für die Atome

$$\varrho u \frac{\partial \alpha}{\partial x} + \varrho v \frac{\partial \alpha}{\partial y} = \frac{\partial}{\partial y}\left[\varrho D_{12}\frac{\partial \alpha}{\partial y}\right] + \dot{w}_A \qquad (2.3\text{-}44)$$

Die Energiegleichung (2.2–15) kann man unter Berücksichtigung der Gl. (2.3–39) schreiben

$$\varrho u \frac{\partial H}{\partial x} + \varrho v \frac{\partial H}{\partial y} = \frac{\partial}{\partial y}\left[\frac{\mu}{\Pr}\frac{\partial H}{\partial y} + \mu\left(1-\frac{1}{\Pr}\right)\frac{1}{2}\frac{\partial u^2}{\partial y}\right] -$$

$$- \frac{\partial}{\partial y}\left[\left(\frac{1}{\mathrm{Le}}-1\right)\varrho D_{12}(h_A - h_M)\frac{\partial \alpha}{\partial y}\right] \qquad (2.3\text{-}45)$$

Die Kontinuitätsgleichung (2.2–1) und die Impulsgleichungen (2.2–3, 4) bleiben unverändert.
Die Randbedingungen des Gleichungssystems (2.2–1, 3, 4) und (2.3–44, 45) lauten:

$y = 0$	$y \to \infty$
$T = T_w$	$T \to T_e$
$\alpha = \alpha_w$	$\alpha \to \alpha_e$
$u = 0$	$u \to u_e$
$v = 0$	$v \to 0$

An der Wand kann an Stelle von $T = T_w$ auch die alternative Randbedingung $\dot{q} = \dot{q}_w$ stehen.
Kennt man die Funktionen $\mu = \mu(\alpha, T)$, $k = k(\alpha, T)$ und $D_{12} = D_{12}(T)$, so reicht das obige Gleichungssystem zur Berechnung der dissoziierten Plattengrenzschicht aus.

2.4 Die dimensionslosen Transportparameter

In den Grenzschichtgleichungen treten drei dimensionslose Transportparameter aus, und zwar die

Prandtl-Zahl $\quad \Pr = \dfrac{\bar{c}_p \mu}{k} \qquad (2.4\text{-}1)$

Schmidt-Zahl $\quad \mathrm{Sc} = \dfrac{\mu}{\varrho D_{12}} \qquad (2.4\text{-}2)$

Lewis-Zahl $\quad \mathrm{Le} = \dfrac{\varrho D_{12} \bar{c}_p}{k} = \dfrac{\Pr}{\mathrm{Sc}} \qquad (2.4\text{-}3)$

Die spezifische Wärme der Gasmischung bei konstantem Druck $\bar{c}_p$ wurde in Gl. (2.2–11) definiert.

Zur Erläuterung der Bedeutung dieser Parameter kann man den rechten Term der Energiegleichung (2.2–15) heranziehen. Für diesen Term kann man nach Umformung mittels Gl. (2.2–6) schreiben (siehe auch Gl. 2.2–13)

$$\frac{\partial}{\partial y}\left[k\frac{\partial T}{\partial y} + \mu u \frac{\partial u}{\partial y} + \varrho D_{12} \sum_i h_i \frac{\partial C_i}{\partial y}\right] \qquad (2.4\text{--}4)$$

In diesem Ausdruck erscheint die Wärmeleitung, die Schubspannungsarbeit und der Energietransport durch Diffusion. Führt man die dimensionslosen Variablen (mit * bezeichnet) $u = u^* u_e$, $\mu = \mu^* \mu_e$, $\varrho = \varrho^* \varrho_e$, $k = k^* k_e$, $y = y^* \delta_T$ (δ_T = Temperaturgrenzschichtdicke), $C_i = C_i^* C_{ie}$, $T = T^* h_e/\bar{c}_{pe}$ und die Eckert-Zahl $E \equiv u_e^2/h_e$ ein, so findet man folgende Proportionalitäten

$$\frac{k \frac{\partial T}{\partial y}}{\mu u \frac{\partial u}{\partial y}} = \frac{\text{Wärmeleitung}}{\text{Schubspannungsarbeit}} \sim \frac{1}{\Pr E} \qquad (2.4\text{--}5)$$

$$\frac{\varrho D_{12} \sum_i h_i \frac{\partial C_i}{\partial y}}{\mu u \frac{\partial u}{\partial y}} = \frac{\text{Diffusion}}{\text{Schubspannungsarbeit}} \sim \frac{1}{\text{Sc } E} \qquad (2.4\text{--}6)$$

$$\frac{\varrho D_{12} \sum_i h_i \frac{\partial C_i}{\partial y}}{k \frac{\partial T}{\partial y}} = \frac{\text{Diffusion}}{\text{Wärmeleitung}} \sim \frac{\Pr}{\text{Sc}} = \text{Le} \qquad (2.4\text{--}7)$$

Bei großer Eckertzahl überwiegt die Schubspannungsarbeit (Dissipation) gegenüber der Wärmeleitung und Diffusion bei der Bestimmung der Temperaturprofile in der Grenzschicht. Wenn bei konstantem E die Prandtl-Zahl (Schmidt-Zahl) groß ist, überwiegt die Schubspannungsarbeit gegenüber der Wärmeleitung (Diffusion). Umgekehrt ist es, wenn Pr und Sc klein sind. Ist Pr groß und Sc klein, überwiegt die Diffusion gegenüber der Wärmeleitung bei der Bestimmung der Temperaturverteilung. Umgekehrt ist es bei großem Sc und kleinem Pr. Wenn Pr und Sc von der gleichen Größenordnung und klein sind, dann überwiegen sowohl die Diffusion als auch die Wärmeleitung gegenüber der Schubspannungsarbeit, wenn E klein ist. In den meisten praktischen Fällen liegen Pr, Sc und Le alle nahe bei eins, so daß bei nicht zu großem E alle drei Terme in der Energiegleichung berücksichtigt werden müssen. Bei sehr großem E sind die Effekte der Wärmeleitung und Diffusion sekundär bei der Ermittlung der Temperaturverteilung in der Grenzschicht.

Die in den dimensionslosen Kennzahlen auftretenden Transportkoeffizenten μ, k und D_{12} werden in [6], [12], [13] erläutert. In den Abb. 2, 3, 4, 5, 6, 7 werden die Wärmeleitfähigkeit k, die Zähigkeit μ, der Diffusionskoeffizient D_{12}, die Prandtl-Zahl Pr, die Lewis-Zahl Le und die Schmidt-Zahl Sc in Abhängigkeit von der Temperatur und vom Druck dargestellt [6]. Man sieht, daß die häufig getroffene Annahme konstanter Pr- und Le-Zahlen grobe Vereinfachungen sind. Die in den Abb. 5, 6, 7 angegebenen Zusammenhänge gelten für thermodynamisches Gleichgewicht. Diese Größen werden in [6] formelmäßig auch in Abhängigkeit vom Dissoziationsgrad α angegeben, so daß sich im Falle des Nichtgleichgewichtszustandes der eingefrorenen Strömung die lokalen Werte dieser Größen berechnen lassen.

2.5 Wärmeübergang bei der dissoziierten Grenzschicht

Die Berechnung des Wärmeüberganges wurde generell schon bei der Ableitung der Energiegleichung der dissoziierten Grenzschicht angegeben. Wir wollen uns jetzt auf zwei Gassorten, nämlich Atome und Moleküle, beschränken.
Ist die Wand kälter als die äußere Strömung, so diffundieren die Atome zur Wandoberfläche und rekombinieren in der Nähe der Wand oder auf ihr. Die Moleküle diffundieren in entgegengesetzter Richtung und dissoziieren weiter weg von der Wand. Berücksichtigt man Gl. (2.3-39), so kann man Gl. (2.2-8) schreiben

$$-\dot{q} = k \frac{\partial T}{\partial y} + \varrho D_{12}(h_A - h_M) \frac{\partial \alpha}{\partial y} \qquad (2.5\text{-}1)$$

Dabei ist

$$h_A - h_M = h_A^\circ + \int_0^T (c_{pA} - c_{pM})\, dT$$

Da die Dissoziationsenergie h_A° wesentlich größer als die Differenz der thermischen Enthalpien der Atome und Moleküle ist, so wird der Wärmestrom [14]

$$-\dot{q} = k \frac{\partial T}{\partial y} + \varrho D_{12} h_A^\circ \frac{\partial \alpha}{\partial y} \qquad (2.5\text{-}2)$$

Zum Vergleich wurde die Näherungsrechnung für den Wärmeübergang in Gasen großer Geschwindigkeit nach ECKERT [15] herangezogen. Diese Methode geht davon aus, daß die Wärmeübergangsgesetze für kleine Geschwindigkeiten auch hier verwendet werden können, wenn man die Stoffwerte bei einer bestimmten Bezugstemperatur bestimmt. Eckert betrachtet nur den Effekt der Wärmeerzeugung durch Dissipation. Dieser Effekt tritt besonders dort auf, wo große Geschwindigkeitsgradienten vorhanden sind, wie es in der Grenzschicht der Fall ist. Die Strömung wird dort abgebremst und die kinetische Energie in Wärme umgesetzt, die zu einer Temperaturerhöhung des Gases in der Grenzschicht führt. Diese Wärmemenge erreicht bei großen Strömungsgeschwindigkeiten Beträge, die das Temperaturfeld in der Grenzschicht wesentlich beeinflussen. Wird keine Wärme durch die Oberfläche des umströmten Körpers nach innen abgeleitet, dann bezeichnet man die Temperatur, die dieser im stationären Gleichgewicht annimmt, als seine Eigentemperatur. Die entstehende Reibungswärme wird dann mit dem Gas abgeführt. Ein Wärmeübergang zum Körper findet statt, sobald die Körpertemperatur kleiner als die Eigentemperatur ist.
Die Methode nach Eckert ist auch für dissoziierte Grenzschichten anwendbar, wenn man an Stelle von Temperaturen mit Enthalpien arbeitet. Die Enthalpien enthalten dann die thermische Energie und die chemisch gebundene Energie. Nach DORRANCE [16] findet man für den Wärmeübergang an die Wand

$$-\dot{q}_w = \frac{c_f}{2} \varrho_e u_e \Pr^{-2/3} [H_r - h_w] \left[1 + (\text{Le} - 1) \frac{(\alpha_e - \alpha_w) h_A^\circ}{H_r - h_w} \right]^{2/3} \qquad (2.5\text{-}3)$$

Der Reibungskoeffizient c_f ist nach SCHLICHTING [17]

$$c_f \equiv \frac{\tau_w}{\varrho u_e^2} = \frac{0{,}664}{\sqrt{\text{Re}_x}} \qquad (2.5\text{-}4)$$

Darin bedeutet τ_w die Schubspannung an der Wand und Re_x die Reynoldszahl

$$\text{Re}_x \equiv \frac{u_e x}{\nu} = \frac{\varrho u_e x}{\mu}, \qquad (2.5\text{-}5)$$

wobei ν die kinematische Zähigkeit ist. Für die Referenz-Enthalpie H_r erhält man näherungsweise [16]

$$H_r - h_w = h'_A(\alpha_e - \alpha_w) + h_{M_e} - h_{M_w} + r\frac{u_e^2}{2} \qquad (2.5\text{-}6)$$

Der Recovery-Faktor r ist folgendermaßen definiert

$$r \equiv \frac{T_e - T_{\text{stat}}}{T_{\text{ges}} - T_{\text{stat}}} \qquad (2.5\text{-}7)$$

Es bedeuten:

T_e = Eigentemperatur

T_{stat} = statische Temperatur im Anströmgebiet

T_{ges} = Gesamttemperatur im Anströmgebiet

Der Recovery- oder Rückgewinnfaktor gibt also an, in welchem Maße die Grenzschichtströmung vom adiabatischen Verhalten abweicht. Für eine laminare Strömung gilt

$$r = \sqrt{\text{Pr}} \qquad (2.5\text{-}8)$$

2.6 Grenzfälle: Gleichgewichtsgrenzschicht, partiell eingefrorene und eingefrorene Grenzschicht mit nichtkatalytischer Wand

Für die dissoziierte Plattengrenzschicht sollen drei Grenzfälle betrachtet werden, und zwar 1. die Gleichgewichtsgrenzschicht, bei der sich die Schwingungsanregung der Moleküle und die Dissoziation mit der Translation und Rotation im Gleichgewicht befinden, 2. die partiell eingefrorene Grenzschicht, bei der die Dissoziation eingefroren ist, während sich die Schwingung mit der Translation und Rotation im Gleichgewicht befindet, und 3. die voll eingefrorene Grenzschicht, bei der die Schwingung und die Dissoziation eingefroren sind.

Im allgemeinsten Fall sind für ein zweiatomiges Gas vier partielle Differentialgleichungen zur Lösung erforderlich, die Kontinuitätsgleichung, die Impulsgleichung, die Energiegleichung und die Kontinuitätsgleichung für das Dissoziationsprodukt. Dazu kommen die thermische und die kalorische Zustandsgleichung und Gleichungen für den zeitlichen Ablauf der chemischen Reaktionen. Die Behandlung der Grenzschicht wird also durch die Dissoziationsprozesse erschwert. Insbesondere hinsichtlich der Reaktionsgeschwindigkeiten und der katalytischen Wirksamkeit der Körperoberfläche sind die zur Verfügung stehenden Zahlenangaben unsicher. Es ist daher naheliegend, zunächst einmal Grenzfälle zu studieren.

Gleichgewichtsgrenzschicht

Wenn die chemische Reaktionsgeschwindigkeit sehr groß ist, haben die Transportvorgänge keinen Einfluß auf die Verteilung des Dissoziationsgrades α in der Grenzschicht. Es treten keine merklichen Abweichungen vom chemischen Gleichgewicht auf (Translation, Rotation und Schwingung sollen untereinander im Gleichgewicht sein). In der Grenzschicht konstanten Druckes ist dann α nur eine Funktion der Temperatur.

Das Grenzschicht-Gleichungssystem vereinfacht sich dadurch für den Gleichgewichtsfall, da dort die Differenz zwischen dissoziierten und rekombinierten Atomen w_A in Gl. (2.3-44) überall Null ist und außerdem α aus dem Massenwirkungsgesetz bestimmt werden kann [6]. Die Kontinuitätsgleichung für die Teilchen ist also überflüssig. Im nichttransformierten Bereich lauten dann die Kontinuitätsgleichung, die Impulsgleichungen und die Energiegleichung

$$\frac{\partial(\varrho u)}{\partial x} + \frac{\partial(\varrho v)}{\partial y} = 0 \tag{2.6-1}$$

$$\varrho u \frac{\partial u}{\partial x} + \varrho v \frac{\partial u}{\partial y} = \frac{\partial}{\partial y}\left(\mu \frac{\partial u}{\partial y}\right) \tag{2.6-2}$$

$$p = p_e \tag{2.6-3}$$

$$\varrho u \frac{\partial h}{\partial x} + \varrho v \frac{\partial h}{\partial y} = \frac{\partial}{\partial y}\left[k \frac{\partial T}{\partial y} + \varrho D_{12}(h_A - h_M)\frac{\partial \alpha}{\partial y}\right] + \mu\left[\frac{\partial u}{\partial y}\right]^2 \tag{2.6-4}$$

Die Energiegleichung (2.3-45) wurde für statische Enthalpien umgeschrieben, wobei beachtet wurde, daß für die Plattengrenzschicht $\frac{\partial p}{\partial x} = 0$ ist.

Im transformierten Bereich reduziert sich das Gleichungssystem (2.3-36, 37, 38) auf die Impulsgleichung und die Energiegleichung:

$$(Cf'')' + ff'' = 0 \tag{2.6-5}$$

$$\left[\frac{C}{\mathrm{Pr}} g'\right]' + fg' = \frac{u_e^2}{H_e}\left[\left(\frac{1}{\mathrm{Pr}} - 1\right) Cf'f''\right]' + \left[\frac{C}{\mathrm{Sc}}\left(\frac{1}{\mathrm{Le}} - 1\right) \cdot \frac{(h_A - h_M)\alpha_e}{H_e} z_A'\right]' \tag{2.6-6}$$

Dies sind gekoppelte Differentialgleichungen. Die Randbedingungen wurden bereits im Abschnitt 2.3 angegeben, wobei für die Konzentration der Dissoziationsgrad α einzusetzen ist (der Index i steht dann für Atome).

Die benötigten Transportkoeffizienten μ, k und D_{12} können aus [6] entnommen werden.

Für den Wärmeübergang gelten die Gl. (2.5-2, 3), wobei in Gl.(2.5-2) die Wandwerte einzusetzen sind.

Eingefrorene und partiell eingefrorene Grenzschicht

Die chemische Reaktionsgeschwindigkeit ist in diesen Fällen so klein, daß die Transportvorgänge die Verteilung von α in der Grenzschicht bewirken. Es gewinnt dann das katalytische Verhalten der Oberfläche entscheidenden Einfluß. Betrachtet man die nichtkatalytische Oberfläche, so treten beim Aufprall der Atome auf ihr keine Rekombinationen auf. Die Diffusionsströme müssen deshalb an der Wand verschwinden. Dies hat zur Folge, daß α über die Grenzschicht näherungsweise konstant ist.

Das nichttransformierte Gleichungssystem lautet dann:

$$\frac{\partial(\varrho u)}{\partial x} + \frac{\partial(\varrho v)}{\partial y} = 0 \tag{2.6-7}$$

$$\varrho u \frac{\partial u}{\partial x} + \varrho v \frac{\partial u}{\partial y} = \frac{\partial}{\partial y}\left[\mu \frac{\partial u}{\partial y}\right] \tag{2.6-8}$$

$$p = p_e \tag{2.6-9}$$

$$\varrho u \frac{\partial h}{\partial x} + \varrho v \frac{\partial h}{\partial y} = \frac{\partial}{\partial y}\left[k \frac{\partial T}{\partial y}\right] + \mu \left[\frac{\partial u}{\partial y}\right]^2 \tag{2.6-10}$$

$$\alpha = \alpha_e = \text{konst.} \tag{2.6-11}$$

$$h = \alpha_e h_A + (1 - \alpha_e) h_M \tag{2.6-12}$$

Für die eingefrorene Grenzschicht ist [4]

$$h = \left[\frac{7}{2} + \frac{3}{2}\alpha\right] R_M T \tag{2.6-13}$$

Für die partiell eingefrorene Grenzschicht ist [4]

$$h = \left[\frac{7}{2} + \frac{3}{2}\alpha + (1 - \alpha) \frac{\theta_v/T}{e^{\theta_v/T} - 1}\right] R_M T \tag{2.6-14}$$

Darin bedeutet: θ_v = charakteristische Schwingungstemperatur. Der Beitrag der elektronischen Anregung zu den spezifischen Wärmen wurde bei der eingefrorenen und partiell eingefrorenen Strömung vernachlässigt.

Das transformierte Gleichungssystem vereinfacht sich zu:

$$(Cf'')' + ff'' = 0 \tag{2.6-15}$$

$$\left[\frac{C}{\Pr} g'\right]' + fg' = \frac{u_e^2}{H_e}\left[\left(\frac{1}{\Pr} - 1\right) Cf' f''\right]' \tag{2.6-16}$$

Die Randbedingungen sind die gleichen wie bei der Gleichgewichtsgrenzschicht, wobei hier $z_i(0) = z_A(0) = 1$ ist.

Die Gleichungen für den Wärmeübergang (2.5-2, 3) vereinfachen sich zu:

$$-\dot{q}_w = \left[k \frac{\partial T}{\partial y}\right]_w \tag{2.6-17}$$

$$-\dot{q}_w = \frac{c_f}{2} \varrho_e u_e \Pr{}^{-2/3}(H_r - h_w), \tag{2.6-18}$$

mit

$$H_r - h_w = h_e - h_w + r \frac{u_e^2}{2} = \bar{c}_p(T_e - T_w) + r \frac{u_e^2}{2} \tag{2.6-19}$$

2.7 Numerische Berechnung des Wärmeübergangs

Zunächst sollen die transformierten Gleichungen für die Erhaltung des Impulses und der Energie (2.6-5, 6) etwas umgeschrieben werden. Mit

$$C' = \frac{\partial C}{\partial T}\frac{\partial T}{\partial \eta} = C_T T' \tag{2.7-1}$$

ergibt sich aus Gl. (2.6–5) die Impulsgleichung in der Form

$$f''' = -\frac{1}{C}(ff'' + C_T T'f'') \qquad (2.7\text{-}2)$$

Für den Energiesatz (2.6–6) erhält man nach einigen ähnlichen Umformungen

$$T'' = -\frac{1}{a_1}[a_2 T'^2 + a_3 T'f + u_e^2 C f''^2], \qquad (2.7\text{-}3)$$

mit

$$a_1 = \frac{C}{\text{Pr}} b_T - \frac{C}{\text{Sc}}\left[\frac{1}{\text{Le}} - 1\right][b_A - b_M]\alpha_T, \qquad (2,7\text{-}4)$$

$$a_2 = \frac{C}{\text{Pr}} b_{TT} + \left[\frac{C}{\text{Pr}}\right]_T b_T - \left[\frac{C}{\text{Sc}}\left(\frac{1}{\text{Le}} - 1\right)\right]_T (b_A - b_M)\alpha_T$$

$$- \frac{C}{\text{Sc}}\left(\frac{1}{\text{Le}} - 1\right)[(b_A - b_M)\alpha_T]_T \qquad (2.7\text{-}5)$$

$$a_3 = b_T \qquad (2.7\text{-}6)$$

Zur Lösung der transformierten gekoppelten Differentialgleichungen (2.7-2, 3) müssen fünf vollständige Anfangsbedingungen vorgegeben werden. Es sind insgesamt fünf Randbedingungen bekannt, drei für die Wand und zwei für die ungestörte Strömung:

$\eta = 0:\ f = 0,\ f' = 0,\ T = T_w = 300°\text{K},\ f'' = ?,\ T' = ?$

$\eta = \infty:\quad f' = 1,\ T = T_e$

Beginnt man die numerische Rechnung bei $\eta = 0$, so fehlen die Anfangsbedingungen $f''(0)$ und $T'(0)$. Sie müssen sinnvoll geschätzt werden, damit die Lösung konvergiert. Es besteht also eine zweidimensionale Unsicherheit. Die geschätzten beiden Anfangsbedingungen an der Wand werden solange systematisch variiert, bis am Ende der Rechnung die zwei Randbedingungen in der ungestörten Strömung erfüllt sind.
Bei der Rücktransformation der Gl. (2.3-23) findet man für die Koordinate senkrecht zur Wand

$$y = \sqrt{\frac{2\mu_e x}{\varrho_e u_e}} \int_0^\eta \frac{\varrho_e}{\varrho} d\eta = \sqrt{\frac{2\mu_e x}{\varrho_e u_e}} \int_0^\eta \frac{(1+\alpha)T}{(1+\alpha_e)T_e} d\eta \qquad (2.7\text{-}7)$$

In den Enthalpien für den atomaren und molekularen Sauerstoff wurden die Zustandssummen der elektronischen Anregung mitberücksichtigt [18]. Das gleiche gilt für die Berechnung des Gleichgewichts-Dissoziationsgrades [19].
Die numerischen Rechnungen wurden auf der Control Data 6400 im Rechenzentrum der TH Aachen durchgeführt. Zur Auffindung des vollständigen Lösungsvektors wurde durchschnittlich eine Rechenzeit von 45 Minuten benötigt. Die Ergebnisse werden im Abschnitt 4 aufgeführt.

3. Der experimentelle Aufbau

3.1 Der Hyperschallstoßwellenkanal

Zunächst soll die Wirkungsweise des Stoßwellenkanals beschrieben werden. Der verwendete Stoßwellenkanal besteht aus einem Rohr mit konstantem Innendurchmesser, das durch die Hauptmembran in einen Hochdruck- und einen Niederdruckteil aufgeteilt ist (Abb. 8a). Der zulässige Druck des HD-Teiles beträgt z. Z. 600 atm. Birst die Membran durch den Überdruck zwischen HD- und ND-Teil, so bildet sich eine Stoßwelle aus, die sich mit Überschallgeschwindigkeit in das Gas des ND-Teiles ausbreitet. Der Druck des ND-Gases erhöht sich dabei in der Stoßwelle innerhalb weniger freier Weglängen von p_1 auf p_2 (Abb. 8c). Gleichzeitig wird der hohe Druck des HD-Gases p_4 in einem Verdünnungsfächer auf den gleichen Druck $p_3 = p_2$ abgebaut. Das durch den Stoß komprimierte heiße Gas (2) wird durch eine Kontaktfläche von dem durch die Expansion abgekühlten Gas (3) getrennt. Die Abb. 8d zeigt die Ausbreitung der verschiedenen Wellen in einem x-t-Diagramm. An der Endwand des Stoßwellenrohres wird die einfallende Stoßwelle reflektiert. Es kommt dort zu einer starken Druckerhöhung und einer weiteren Temperaturzunahme des Meßgases, da die kinetische Energie des Gases (2) in thermische Energie umgesetzt wird. Für eine Zeit von etwa 1 ms hat man an der Endwand des Stoßwellenrohres ein ruhendes Gas von hohem Druck und hoher Temperatur im Zustand (5) (Abb. 8e).

Läßt man nun dieses Gas hoher Enthalpie durch eine an der Endwand des Stoßwellenrohres angeordnete Lavaldüse ausströmen, so erhält man einen kurzzeitig arbeitenden Windkanal mit hoher Strömungsgeschwindigkeit (Abb. 9). Die Hostaphan-Sekundärmembran am Düseneinlauf öffnet sich durch den einfallenden Stoß. Das Gas strömt durch Lavaldüse, Meßstrecke und Vakuumkessel, welche vor dem Versuch evakuiert wurden, wodurch ein schneller Start der Strömung in der Düse erzwungen wird. Die Hostaphanmembran trennt vor dem Versuch das ND-Meßgas vom Vakuum des Kessels. Der Einlaufquerschnitt der Düse ist im Vergleich zum Querschnitt des Stoßwellenrohres klein, so daß der einfallende Stoß praktisch senkrecht reflektiert wird. Der reflektierte Stoß wird an der Kontaktfläche gebrochen (Abb. 8d). Dabei entsteht je nach den vorliegenden Versuchsbedingungen ein in Richtung zur Düse laufende Stoßwelle oder Expansionswelle. Das Eintreffen dieser Welle am Ende des Stoßwellenrohres beendet die Dauer des konstanten Zustandes vor der Düse und damit die Meßzeit.

Die Abmessungen des innen hartverchromten und polierten Stoßwellenrohres sowie die Abmessungen der Düse, der Meßstrecke und des Kessels sind aus Abb. 9 zu entnehmen. Als HD-Gas wurde Helium und Wasserstoff, als ND-Gas Sauerstoff und Stickstoff mit einer Reinheit von 99,7% verwendet.

Alle Teile des Kanals können mit Vor- und Rootspumpen auf 10^{-2} Torr evakuiert werden. Abb. 10 zeigt einen Gesamtüberblick über den Stoßwellenkanal. Der HD-Teil wird teilweise durch ein kleineres Stoßwellenrohr verdeckt. Das Helium wurde mit einem A4C 600-Membrankompressor der Firma Corblin aus 200-atm-Druckflaschen angesaugt und in den HD-Teil gepumpt (Abb. 11). Bei den Heliumversuchen wurde mit einer Doppelmembrankammer gearbeitet, und zwar nach folgendem Prinzip: In der Zwischenkammer befindet sich Gas von etwa der Hälfte des Druckes im HD-Teil. Wird der Druck in dieser Zwischenkammer plötzlich erniedrigt, birst die erste Membran und unmittelbar danach die zweite Membran durch den dann vorliegenden vollen Überdruck, so daß die Auslösung der Stoßwelle zeitlich gesteuert werden kann. Das teure Helium wurde nach dem Versuch durch Zurückpumpen in die Flaschen, nur geringfügig verunreinigt, zurückgewonnen. Bei diesen Versuchen waren die vom Kanal stoßartig nach außen übertragenen Kräfte sehr groß, so daß umfangreiche Abstützungen erforderlich waren (Abb. 12). Abb. 13 zeigt 5-mm-Stahlmembranen vor und nach dem Versuch, Abb. 14 die ermittelten Platzdrücke für verschiedene Materialsorten und Membranstärken.

Der Gasdruck im ND-Teil wurde mit einem Membranvakuummeter der Firma Edwards gemessen.

Die Einsätze der konischen Aluminium-Düse (Abb. 15) sind zur Erzielung unterschiedlicher Machzahlen ($M_\infty = 6\text{--}10$) austauschbar.

Bei den Wasserstoffversuchen, insbesondere bei der Kombination Wasserstoff-Sauerstoff, mußte wegen der sicherheitsmäßig sehr ungünstigen Laborverhältnisse behutsam vorgegangen werden. Als HD-Gas wurde Wasserstoff gewählt, da der maximal zulässige Druck bei Helium bei 600 atm liegt. Mit Wasserstoff erreicht man bei gleichen Anfangszuständen im ND-Teil bei wesentlich kleineren Drücken im HD-Teil gleiche und sogar höhere Stoßmachzahlen. Bei den Wasserstoff-Sauerstoffversuchen wurde auf ein Stickstoffpuffer zwischen den beiden Gasen verzichtet, da die Splitter der zusätzlichen Hostaphanmembran bei Vorversuchen die Düsenströmung ungünstig beeinflußten. Es wurde also mit einer brennenden Kontaktzone gearbeitet. Vor dem Abbrennen des Wasserstoff-Sauerstoff-Gemisches nach dem Versuch wurde aus Sicherheitsgründen Stickstoff zugemischt.

3.2 Wärmeübergangsmessungen

Die Wärmeübergangsmessungen am Keilmodell (Abb. 23) wurden mit Hilfe von Dünnschichtwiderstandsthermometern durchgeführt. Die Meßstellen im Modell liegen parallel zur Anströmung, im Gebiet hinter dem schiefen Stoß auf der Keilvorderseite und unter der Prandtl-Meyer-Expansion (Abb. 22). Die sogenannten Filmthermometer bestehen aus einer sehr dünnen Platinschicht (ca. $0,5\mu m$), die auf einen Glasisolator aufgemalt wird. Das um das Modell strömende heiße Gas verändert die Oberflächentemperatur und damit den elektrischen Widerstand des Films. Diese Widerstandsänderung bewirkt eine Spannungsänderung an der Sonde, wenn durch diese Strom fließt. Die Spannungsänderung kann am Oszillographen beobachtet werden. Mittelbar wird bei diesen Messungen der lokale spezifische Wärmestrom $q(o, t)$ durch Messung der zeitlichen Zunahme der Oberflächentemperatur $T(o, t)$ bestimmt [20], [21], [22]. Die Ansprechzeit der Sonden liegt bei etwa $1 \mu s$ [21].

Nachfolgend seien einige Daten für die Herstellung der Filmthermometer angegeben: Als Platinfarbe wurde Liquid Bright Platinum 05 von der Hanovia Liquid Gold Division verwendet. Für den Isolationskörper hat sich Pyrex 7740 als geeignetste Glassorte herausgestellt (Firma Sovirel, Paris). Die Einbrenndaten nach dem Malen des Films waren: 20 Minuten vorbrennen bei 300°C bei geöffnetem Ofen. Anschließend 20 Minuten brennen bei 700°K bei geschlossenem Ofen. Insgesamt wurde dreimal gemalt und gebrannt. Die übrigen Arbeitsgänge werden detailliert in [23] und [24] beschrieben.

Abb. 17 zeigt die Schwierigkeiten, die bei den Wärmeübergangsmessungen im Stoßwellenkanal auftreten. Rechts ist die Sonde vor und links nach einer Staupunktmessung dargestellt. Man erkennt deutlich, daß nicht nur der Platinfilm, sondern auch die Glasunterlage durch die mit großer Geschwindigkeit auf die Sonde auftreffenden Splitter der Hostaphanmembran zerstört wurden. Dabei stellte sich heraus, daß der Film schon während der Meßzeit beschädigt wird, die Teilchen also nicht stark verzögert das Modell erreichen. Durch Verwendung dünnerer Hostaphanmembranen konnte der Effekt etwas abgeschwächt, jedoch nicht ganz beseitigt werden. Allerdings traten diese Sondenbeschädigungen bei den Modellmessungen nicht so häufig auf wie bei den extrem ungünstigen Anordnungen für die Staupunktmessungen.

In Abb. 16 ist der meßtechnische Aufbau zu erkennen. Die dort sichtbaren dreistufigen Transistorverstärker dienten zur Verstärkung der Meßsignale [25].

Die Ergebnisse der Filmthermometermessungen sind in den Abb. 18–21 dargestellt.

Die Abb. 20, 21 zeigen u. a. die unterschiedliche Reflexion des an der Endwand des Stoßrohres reflektierten Stoßes an der Kontaktfläche bei Stickstoff bzw. Sauerstoff als ND-Gas. In Abb. 20 (N_2) ist 0,7 ms nach Beginn der Strömung ein stärkerer Anstieg der Oberflächentemperatur festzustellen, was sich aus der Stoßreflexion an der Kontaktfläche mit zusätzlicher Aufheizung des Stickstoffs erklärt. Nach etwa 1 ms erscheint am Filmthermometer die Kontaktfläche mit dem nachfolgenden kälteren Wasserstoff. Dagegen ist in Abb. 21 (O_2) nach etwa 0,4 ms eine Abkühlung des Sauerstoffs als Folge der Expansionswellen-Reflexion des reflektierten Stoßes an der Kontaktfläche festzustellen. Der nachfolgende Temperaturanstieg zeigt die Ankunft der brennenden O_2—H_2-Mischzone an.

4. Ergebnisse

4.1 Vergleich der Wärmeübergangsmessungen mit der Theorie

Die Berechnung der Wärmestromdichten aus den Oberflächentemperaturschrieben erfolgte mit Hilfe der von VIDAL [20] angegebenen Gleichung:

$$\dot{q}(t) = \frac{1}{2} \sqrt{\pi} \, \beta \left[\frac{T(t)}{\sqrt{t}} + \frac{1}{\pi \sqrt{t}} \int_0^t \frac{\sqrt{\tau}\, T(t) - \sqrt{t}\, T(\tau)}{(t-\tau)^{3/2}} \, d\tau \right] \qquad (4.1\text{--}1)$$

Darin bedeuten:

$\beta = \sqrt{k \varrho c}$ = Glas-Materialkonstante [cal/cm² $\sqrt{\text{sec}}$ °K]
k = Glas-Wärmeleitungskoeffizient [cal/cm sec °K]
ϱ = Glas-Dichte [kg/cm³]
c = Spezifische Wärme des Glasisolationskörpers [cal/kg °K]
T = Oberflächentemperaturzunahme = $\Delta U / I R \alpha$ [°K]
ΔU = Spannungsänderung am Filmthermometer [Volt]
I = Strom im Filmthermometer [Amp.]
α = Temperaturkoeffizient des Platins [°K^{-1}]
τ = Laufende Zeitkoordinate [sec]
t = Zeit [sec]
R = Widerstand des Platinfilms [Ohm]

Einen ausgewerteten Temperaturschrieb stellt die Abb. 24 dar. Während der Meßzeit von 0,4 ms ist der Wärmestrom konstant.

Den aus den Oberflächentemperaturschrieben mit Hilfe von Gl. (4.1–1) ermittelten Wärmestromdichten sollen die numerischen Ergebnisse der Grenzschichtrechnungen für teilweise dissoziierten Sauerstoff gegenübergestellt werden.

Als Bildungswärme der Sauerstoffatome wurde $\mathring{h}_A = D/2\, m_A = \theta_D k/2\, m_A = \theta_D R_{O_2}$ = 15,45 10^{10} cm²/s² zugrunde gelegt. Die Wärmeleitfähigkeit von Sauerstoff für die

Wandtemperatur $T_w = 300°K$ ist nach HILSENRATH [26]: $k_w = 2,675 \cdot 10^{-4}$ Watt/cm °K. Der Nullpunkt des Grenzschicht-Koordinatensystems für die Meßstellen im Expansionsgebiet des Modells wurde folgendermaßen bestimmt (Fig. 1):

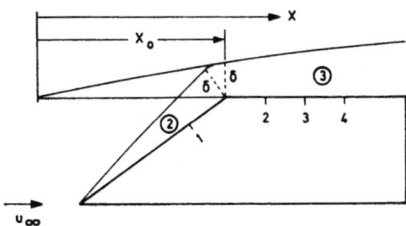

Fig. 1 Koordinatenursprung für die Grenzschicht im Gebiet 3

Zunächst wurde für die Strömung auf der Modellvorderkante die Grenzschichtdicke δ an der Expansionsecke berechnet. Nimmt man näherungsweise an, daß sich diese Grenzschichtdicke im Eckengebiet nicht ändert, so kann x_0 aus den Grenzschichtrechnungen für das Gebiet hinter der Ecke bestimmt werden, wenn man beachtet, daß $\delta \sim \sqrt{x}$ ist. Die Wärmeströme $\dot{q}_w$ wurden nach Gl. (2.5–2) und teilweise zum Vergleich dazu nach Gl. (2.5–3) berechnet. Die Ergebnisse zeigt die Tab. 1.

Tab. 1

Gas	M_s	Modellstelle	Art der Str.	D_{12w}	$\left[\dfrac{\partial T}{\partial y}\right]_w$	$\left[\dfrac{\partial \alpha}{\partial y}\right]_w$	$\dot{q}_w$	$\dot{q}_w$ (ECKERT)	Re
				10^{12} cm²/s	10^5 °K/cm	10^{-32} cm⁻¹	10^6 Watt/m²	—	
O₂	8,19	1	e	7,4330	8,816	1,216	2,360	1,095	0,8 · 10⁵
O₂	8,19	2	e	8,0754	4,100	1,842	1,097	–	0,68 · 10⁴
O₂	8,19	3	e	8,0754	3,160	1,420	0,845	–	1,14 · 10⁴
O₂	8,19	4	e	8,0754	2,666	1,200	0,713	–	1,6 · 10⁴
O₂	8,19	5	e	8,7865	2,663	1,262	0,712	0,780	2,6 · 10⁴
O₂	8,19	6	e	8,7865	2,216	1,050	0,592	0,650	3,8 · 10⁴
O₂	8,19	2	pf	11,256	2,220	0	0,594	–	1,06 · 10⁴
O₂	8,19	3	pf	11,256	1,744	0	0,467	–	1,78 · 10⁴
O₂	8,19	4	pf	11,256	1,484	0	0,397	–	2,5 · 10⁴
O₂	8,19	2	f	14,429	1,810	0	0,483	–	1,1 · 10⁴
O₂	8,19	3	f	14,429	1,410	0	0,377	–	1,84 · 10⁴
O₂	8,19	4	f	14,429	1,195	0	0,320	–	2,6 · 10⁴

Darin bedeuten:

e = Gleichgewichtsströmung
pf = partiell eingefrorene Strömung   } in und außerhalb der Grenzschicht
f = eingefrorene Strömung

Die Reynoldszahlen liegen alle unterhalb des kritischen Wertes $3,2 \cdot 10^5$, die Grenzschichtströmung war also laminar.

Die Näherungsvergleichswerte nach ECKERT zeigen, daß diese Methode um so ungenauer wird, je höher die Gastemperaturen in und außerhalb der Grenzschicht sind.
Die Abb. 25, 26 zeigen die Geschwindigkeits- und Temperaturgrenzschichten für die in der Tab. 1 aufgeführten Fälle. Die ähnlichen Lösungen zeigen bei den Temperaturgrenzschichten teilweise ein Überschwingen, was sich aus dem großen Einfluß der inneren Reibung infolge der hohen Strömungsgeschwindigkeiten erklärt.
Für die Wärmestromdichten in 10^6 Watt/m² an den verschiedenen Stellen des Keilmodells ergaben sich für die Sauerstoffströmung bei $M_s = 8{,}19$ die theoretischen und experimentellen Werte in Tab. 2:

Tab. 2

Modellstelle		1	2	3	4	5
Theorie	e	2,360	1,097	0,845	0,713	0,712
	pf	–	0,594	0,467	0,397	–
	f	–	0,483	0,377	0,320	–
Experiment		2,80	0,50	0,44	0,43	1,18

Der Vergleich der Daten zeigt, daß die Expansionsströmung bei den vorliegenden Bedingungen weitgehend eingefroren war, während sich die Strömung in der Meßstrecke und hinter dem schiefen Stoß im Gleichgewicht befand [4]. Die Abweichungen der theoretischen von den experimentellen Werten des Wärmeübergangs für die Modellstellen 1 und 5 deuten die Schwierigkeiten an, die bei diesen Messungen insbesondere infolge Membransplitter auftraten. Die Meßwerte fallen dadurch etwas zu hoch aus. Die Meßsonden im Expansionsgebiet sind nicht so sehr gefährdet.

4.2 Zusammenfassung

Es werden Wärmeübergangsmessungen und eine detaillierte theoretische Analyse der laminaren Plattengrenzschicht eines teilweise dissoziierten zweiatomigen Gases im Hyperschallbereich angegeben. Die bei den Messungen vorliegenden Reynoldszahlen waren einerseits so klein, daß die Grenzschichtströmung laminar war, jedoch andererseits noch so groß, daß eine Kontinuumsströmung vorausgesetzt werden konnte. Bei den theoretisch ermittelten Wärmeströmen wird eine nichtkatalytische Wand angenommen.
Da bei der Strömung eines realen Gases mit chemischen Reaktionen der Wärmeübergang an der Wand entscheidend vom thermodynamischen Zustand des Gases in und außerhalb der Grenzschicht abhängt, wird mit Hilfe der Theorie der dissoziierten laminaren Plattengrenzschicht für drei Grenzfälle (Gleichgewichts-, partiell eingefrorene und eingefrorene Strömung in und außerhalb der Grenzschicht) numerisch der Wärmeübergang berechnet. Es zeigt sich, daß der Wärmestrom zur Wand eindeutige Rückschlüsse auf den örtlichen thermodynamischen Zustand des Gases außerhalb der Grenzschicht zuläßt. Bei diesen Grenzschichtrechnungen werden keine Einschränkungen bezüglich der Prandtl-Zahl, der Schmidt-Zahl und der Lewis-Zahl gemacht, die vielmehr als Funktionen der örtlichen Werte der Temperatur und des Druckes angenommen werden.
Der meßtechnische Aufbau sieht in der Meßstrecke des Stoßwellenkanals einen definierten schiefen Stoß mit anschließender schneller aerodynamischer Abkühlung des

partiell dissoziierten Sauerstoffs an einer zurückspringenden Expansionsecke vor. Es wird im unteren Hyperschallbereich gearbeitet, damit in der Meßstrecke im wesentlichen eine Gleichgewichtsströmung vorliegt. Die Nichtgleichgewichtsströmung an der Expansionsecke wird mit Hilfe von Platinfilmthermometern zur Messung des Wärmeübergangs untersucht.

Der Vergleich der experimentellen mit den theoretischen Ergebnissen zeigte, daß sich bei den untersuchten Bedingungen die Düsenströmung und die Strömung über den schiefen Stoß im thermodynamischen Gleichgewicht befand, während die Prandtl-Meyer-Expansionsströmung am Modell weitgehend eingefroren war. Dies ist auf die schnelle Eckenexpansionsströmung bei relativ kleinen Gasdichten zurückzuführen.

Literaturverzeichnis

[1] SCHLICHTING, H., Boundary layer theory. McGraw-Hill Book Comp. New York 37 (1960).
[2] BRAY, K. N. C., u. a., Physics of gases for aerodynamicists. VKI-Brüssel, TCEA CN 33 (1963).
[3] SCHULTZ-GRUNOW, F., Neues zur Physik der Stoßwellen. Jahrbuch der WGLR, 76–84 (1964).
[4] FINKE, K., Die zentrierte zweidimensionale Nichtgleichgewichts-Expansionsströmung im Hyperschallbereich. Dissertation, TH Aachen (1970).
[5] LOITSIANSKI, L. G., Laminare Grenzschichten. Akademie-Verlag, Berlin, 469–485 (1967).
[6] GRÖNIG, H., Laminare Grenzschichten hinter dissoziierenden Stoßwellen. (Zamm, im Druck)
[7] LOITSIANSKI, L. G., siehe [5], S. 285.
[8] DORRANCE, W. H., Viscous hypersonic flow. McGraw-Hill Book Company, New York, 22–26 (1962).
[9] LEES, L., Convective heat transfer with mass addition and chemical reactions. Combustion and Propulsion Third AGARD Colloquium, Pergamon Press, New York, 451–498 (1958).
[10] BECKER, E., Gasdynamik. Teubner, Stuttgart, 215/216 (1965).
[11] LI, T. Y., und H. T. NAGAMATSU, Similar solutions of compressible boundary-layer equations. Journal of the Aeronatical Sciences, 22, 607–616 (1955).
[12] HIRSCHFELDER, J. O., CH. F. CURTISS und R. B. BIRD, Molecular theory of gases and liquids. John Wiley, New York, S. 527 (1954).
[13] DORRANCE, W. H., siehe [7], S. 283/284.
[14] DORRANCE, W. H., siehe [7], S. 75.
[15] ECKERT, E. R. G., Einführung in den Wärme- und Stoffaustausch. Springer, 165–170 (1966).
[16] DORRANCE, W. H., siehe [7], S. 78.
[17] SCHLICHTING, H., siehe [1], S. 120.
[18] VINCENTI, W. G., und C. H. KRUGER, Introduction to physical gas dynamics. John Wiley, New York, 131 u. 135 (1967).
[19] VINCENTI, W. G., und C. H. KRUGER, siehe [18], S. 157.
[20] VIDAL, R. J., Model instrumentation techniques for heat transfer and force measurements in a hypersonic shock tunnel. CAL Report AD-917-A-1 (1956).
[21] RABINOWICZ, J., M. E. JESSEY und C. A. BARTSCH, Resistance thermometer for heat transfer measurement in a shock tube. Calif. Inst. Techn., Pasedena, California, Memorandum No. 33 (1956).
[22] OERTEL, H., Wärmeübergangsmessungen, in: Kurzzeitphysik. Springer, Wien–New York, 816–844 (1967).
[23] DRUXES, H., Wärmeübergangsmessungen in ionisierten Gasen mit Filmthermometern. Diplomarbeit, Inst. f. Mechanik, TH Aachen (1962).
[24] KÜGLER, F., Herstellung von Filmthermometern und deren Eichung. Wahlarbeit, Inst. f. Mechanik, TH Aachen (1968).
[25] BEYLICH, A. E., Stoßwellenstruktur in binären Gasgemischen. Dissertation, TH Aachen (1968).
[26] HILSENRATH, J., e. a., Tables of thermodynamic and transport properties of air, argon, carbon dioxide, carbon monoxide, hydrogen, nitrogen, oxygen, and steam. Pergamon Press, Oxford–London–New York–Paris, 425, 386 (1960).

Anhang

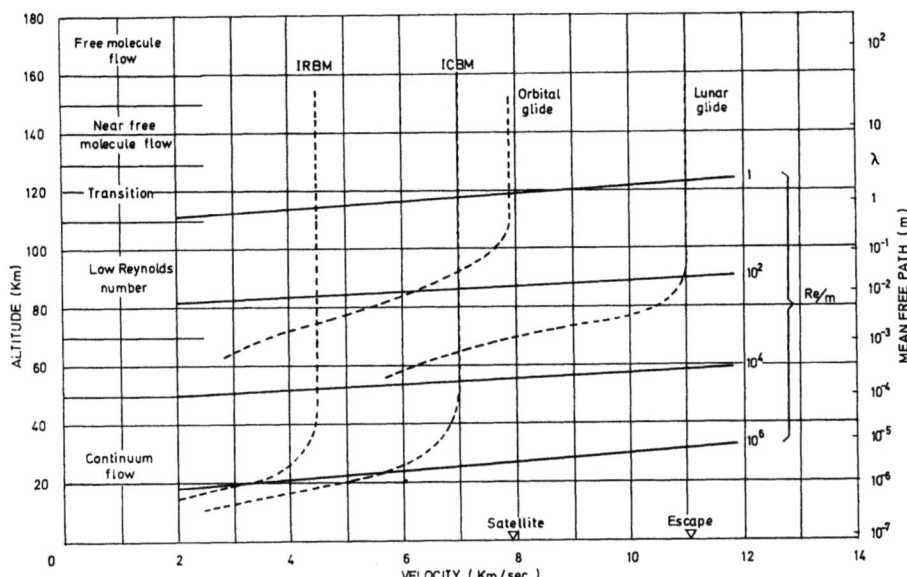

Abb. 1 Flugkorridor [2]

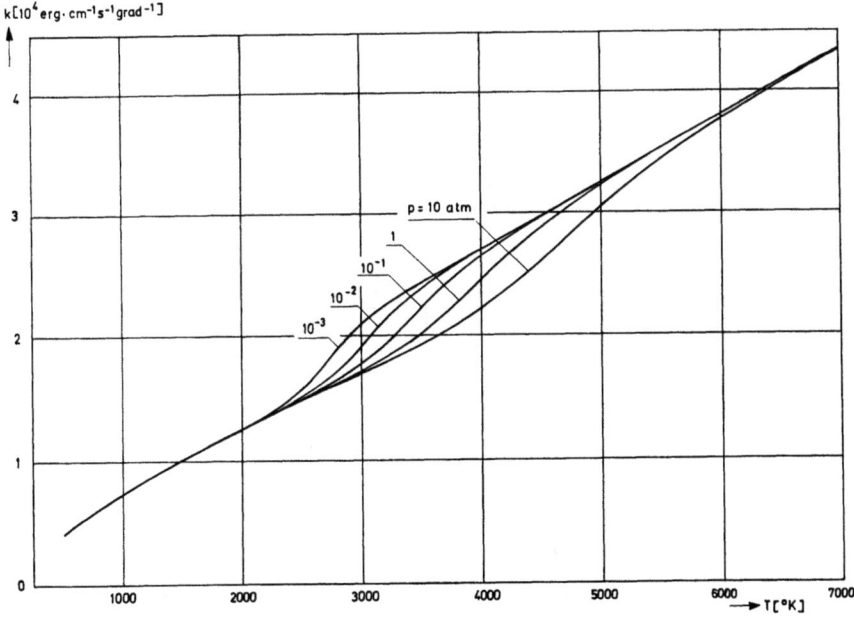

Abb. 2 Wärmeleitfähigkeit von O_2

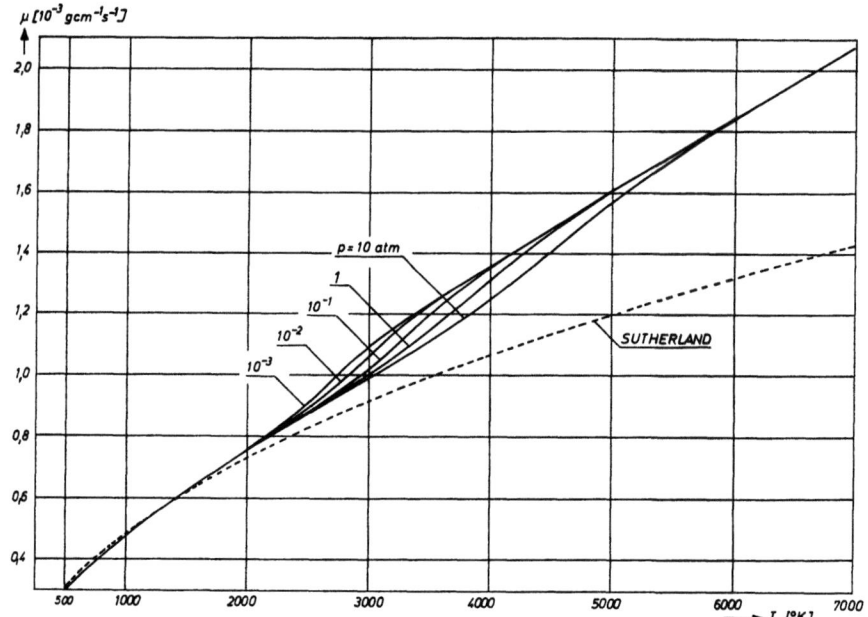

Abb. 3 μ für O_2

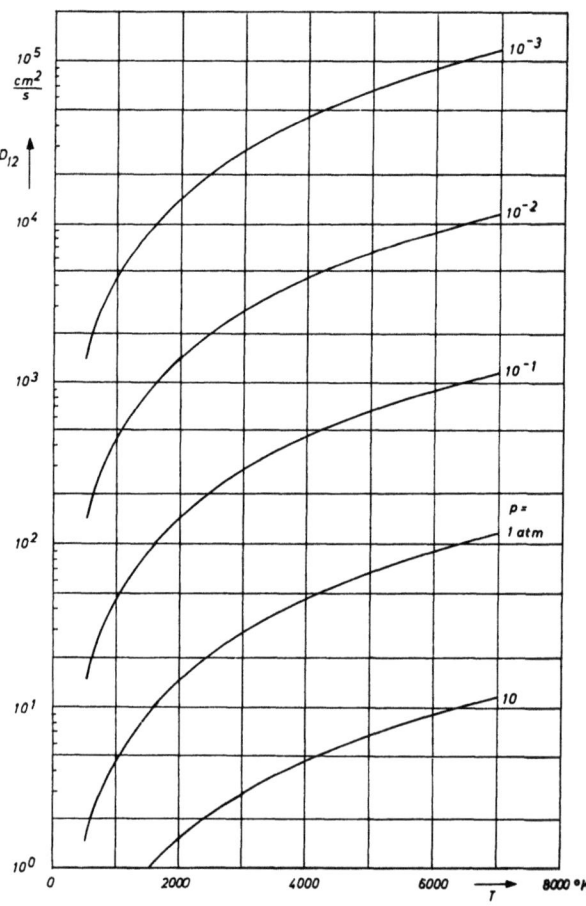

Abb. 4 Diffusionskoeffizient D_{12} für O_2-O

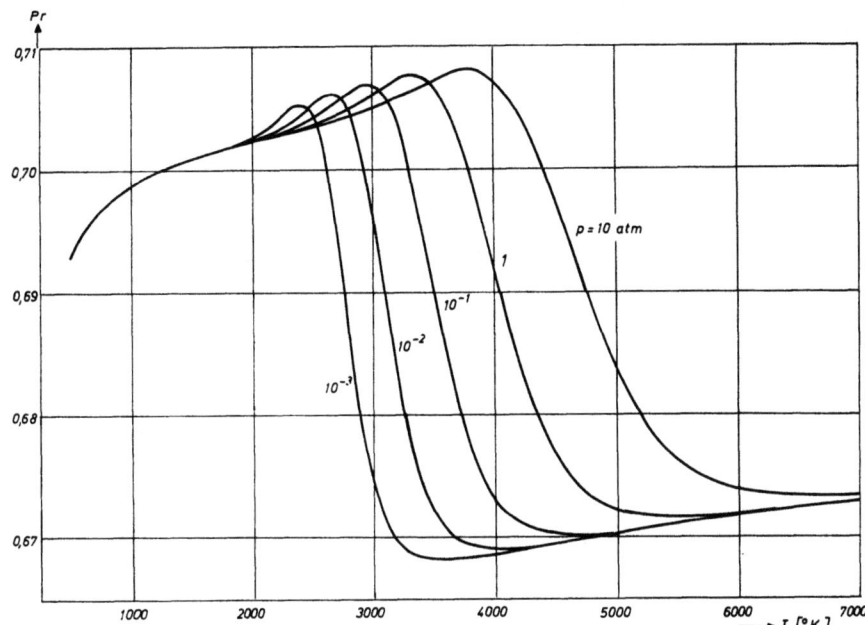

Abb. 5 Pr-Zahl für O₂

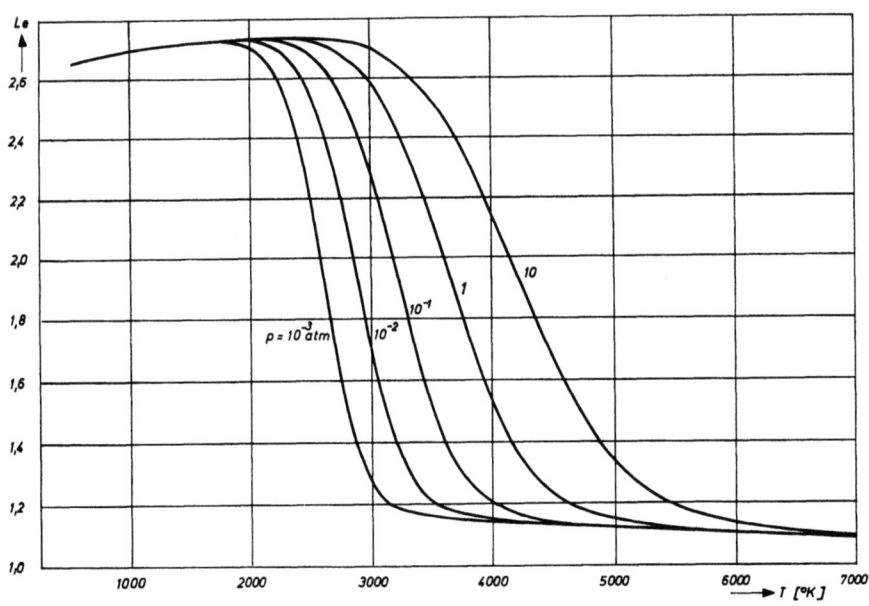

Abb. 6 Le-Zahl für O₂

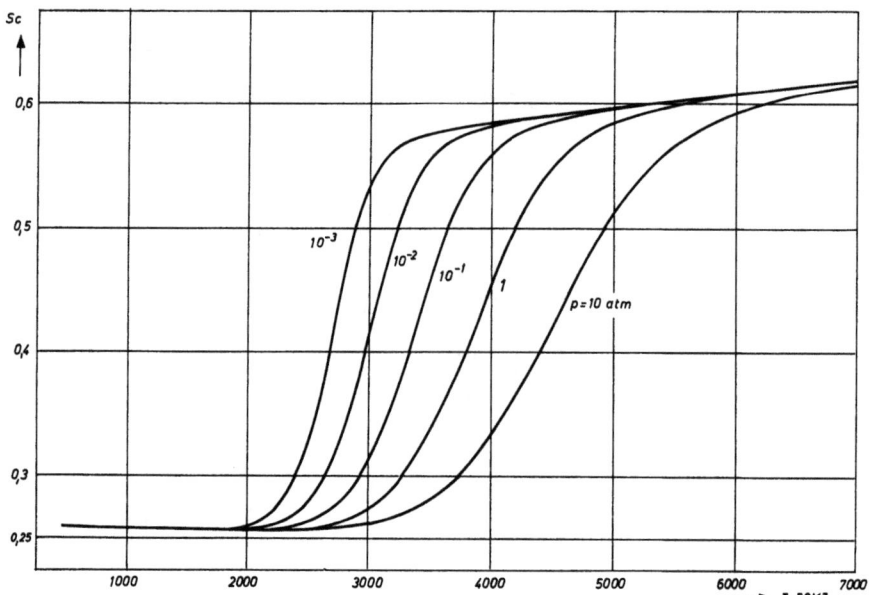

Abb. 7 Sc-Zahl für O_2

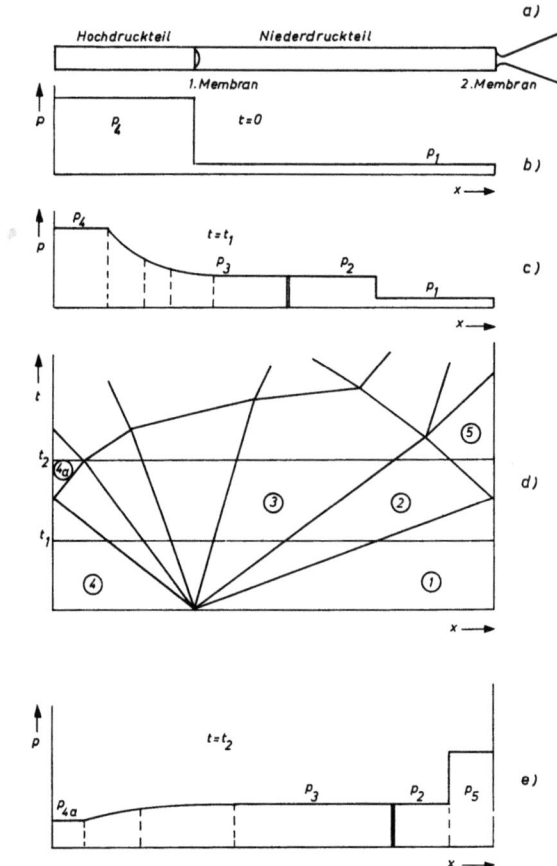

Abb. 8 Prinzipielle Wirkungsweise des Stoßwellenkanals

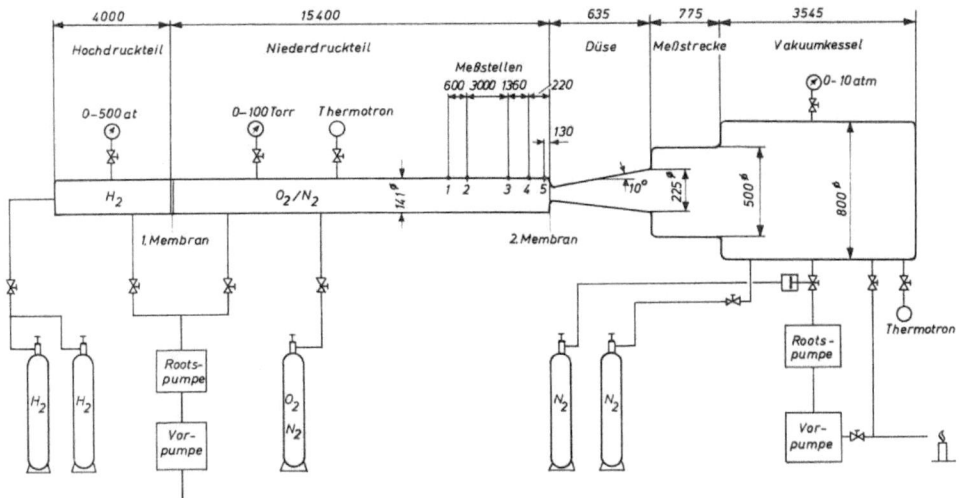

Abb. 9   Schema des Stoßwellenkanals

Abb. 10   Gesamtüberblick

Abb. 11   HD-Membrankompressor und Doppelmembrankammer

Abb. 12   Abstützung des Rohres mit elastischen Schwingkörpern

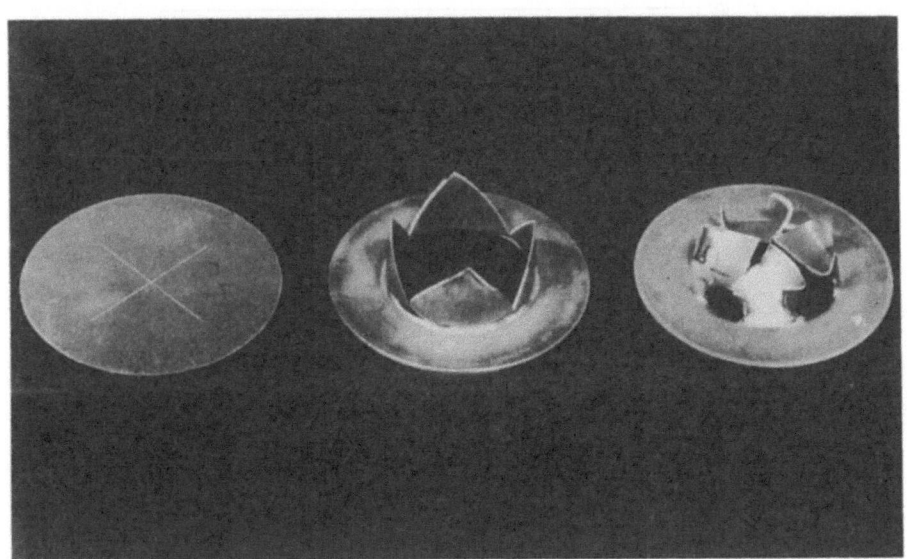

Abb. 13 Membranen vor und nach dem Versuch

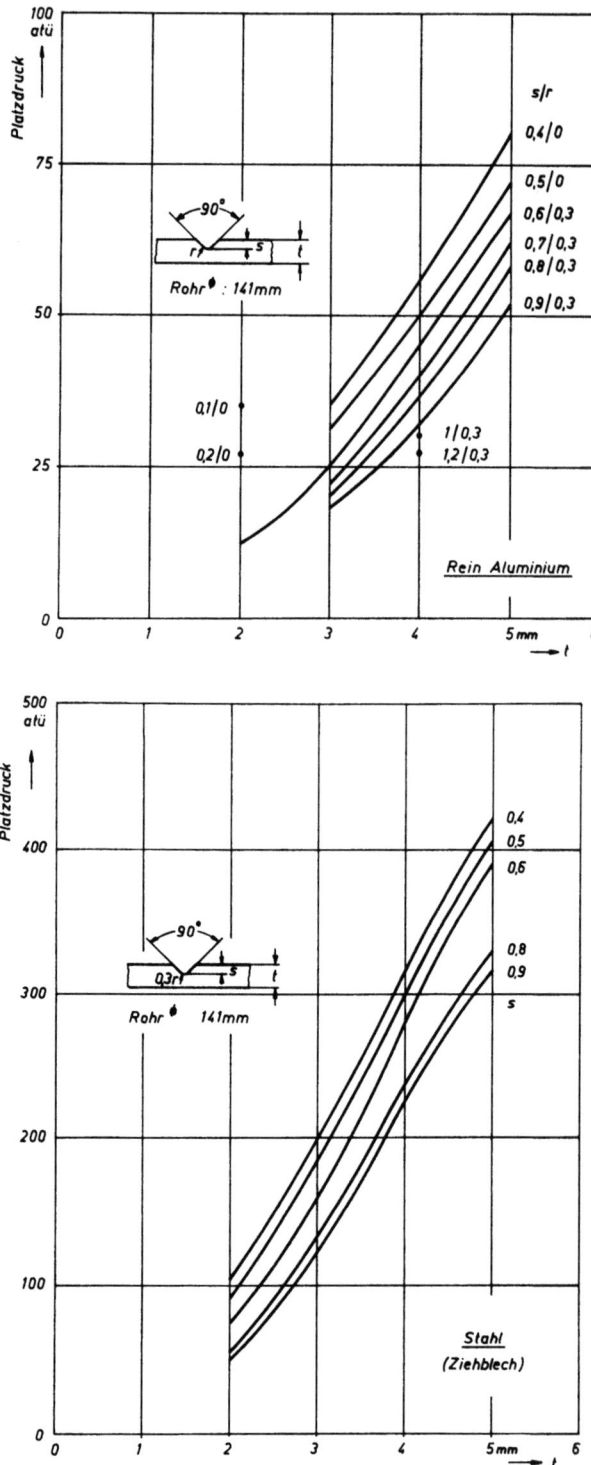

Abb. 14 Membranplatzdrücke

Abb. 15 Düseneinsätze für die Machzahlen 6, 8, 10

Abb. 16 Einrichtungen der Wärmeübergangsmessung

Abb. 17 Filmthermometer nach und vor dem Versuch

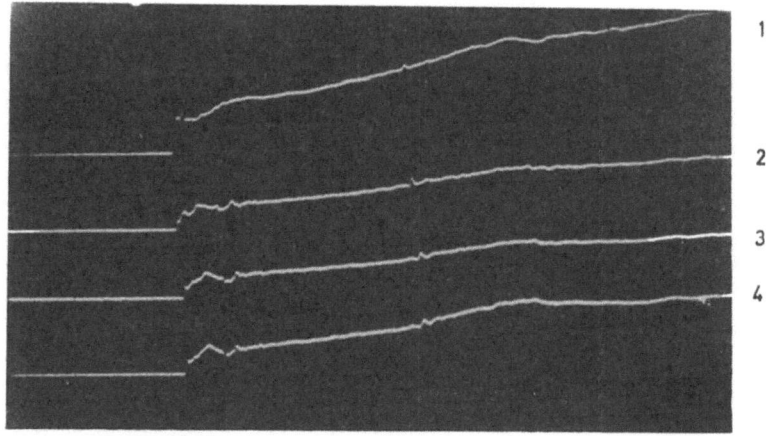

Abb. 18 Wärmeübergangsmessung, Modellstellen 1, 2, 3, 4
  p_1 = 40 Torr N_2
  M_s = 7,50
  $M_{\infty th}$ = 6
  1 cm ≙ 20 mV (1)
  1 cm ≙ 20 mV (2)
  1 cm ≙ 20 mV (3)
  1 cm ≙ 20 mV (4)
  1 cm ≙ 0,2 ms

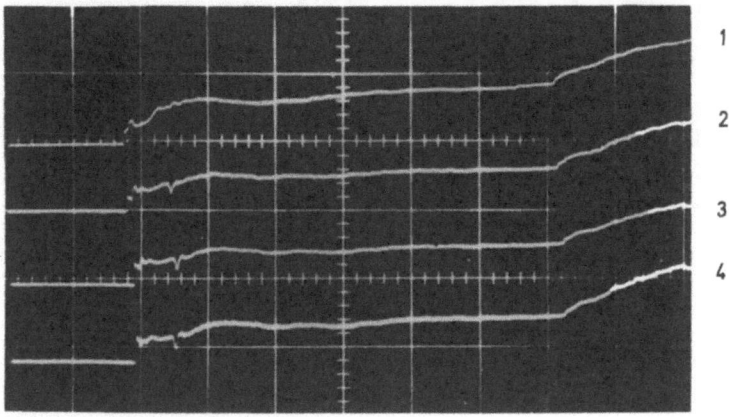

Abb. 19 Wärmeübergangsmessung, Modellstellen 1, 2, 3, 4
p_1 40 Torr O_2
M_s = 8,19
$M_{\infty th}$ = 6
1 cm ≙ 100 mV   (1)
1 cm ≙   20 mV   (2)
1 cm ≙   20 mV   (3)
1 cm ≙   20 mV   (4)
1 cm ≙   0,2 ms

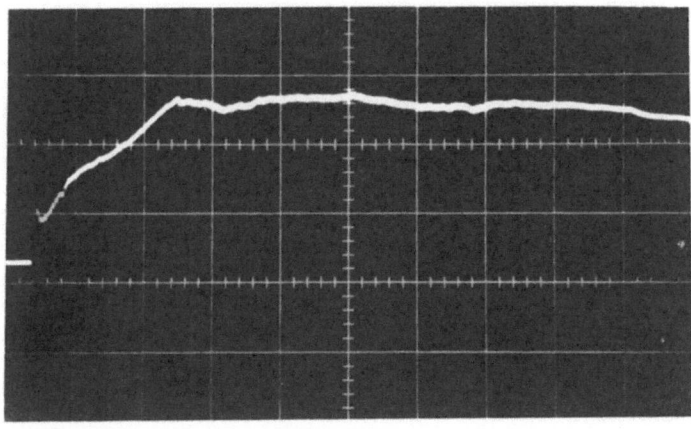

Abb. 20 Wärmeübergangsmessung, Modellstelle 5
p_1 = 40 Torr N_2
M_s = 7,66
$M_{\infty th}$ = 6
1 cm ≙ 10 mV
1 cm ≙ 0,5 ms

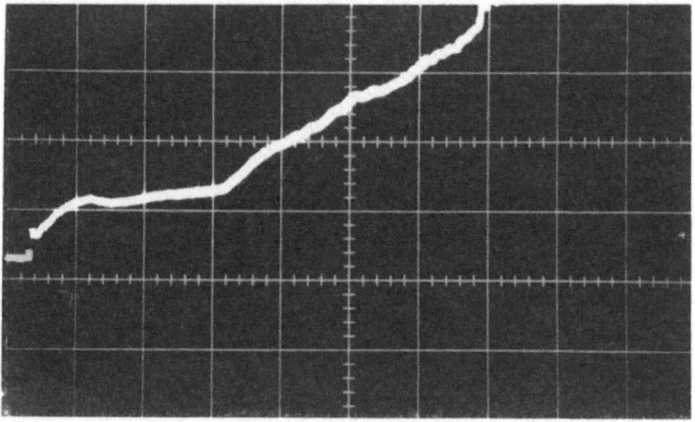

Abb. 21 Wärmeübergangsmessung, Modellstelle 5
  p_1 = 40 Torr O_2
  M_s = 8,80
  $M_{\infty th}$ = 6
  1 cm ≙ 20 mV
  1 cm ≙ 0,5 ms

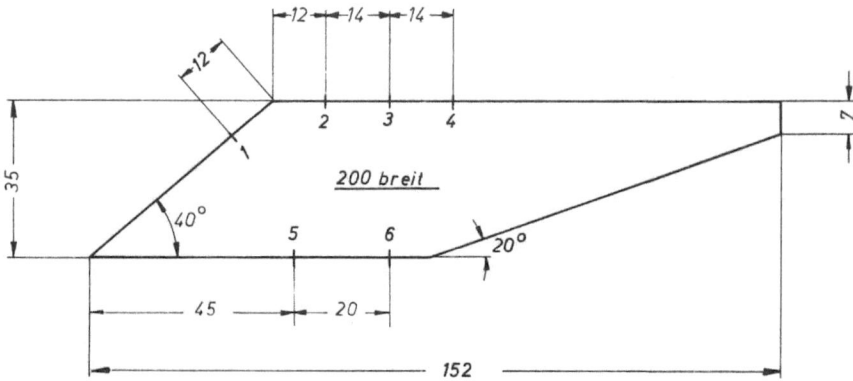

Abb. 22 Maße und Meßstellen des Keilmodells

Abb. 23 Keilmodell mit Halterung

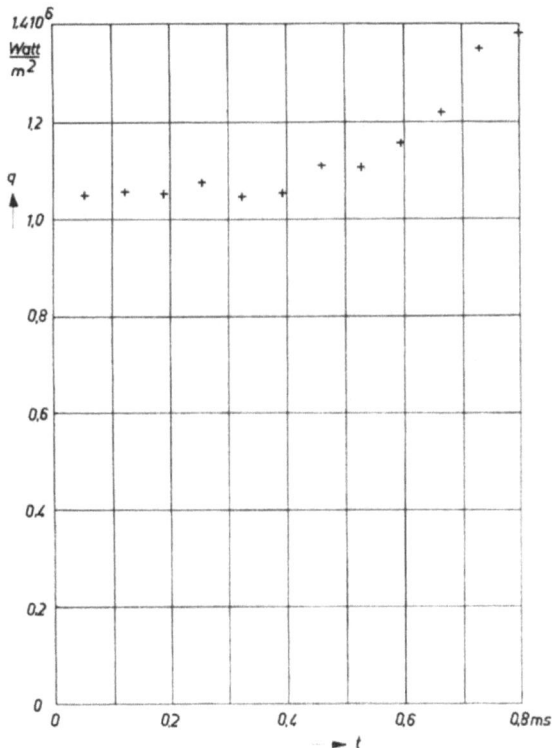

Abb. 24 Wärmestrom $\dot{q}(t)$, Modellstelle 5
p_1 = 40 Torr N_2
M_s = 7,50
$M_{\infty th}$ = 6

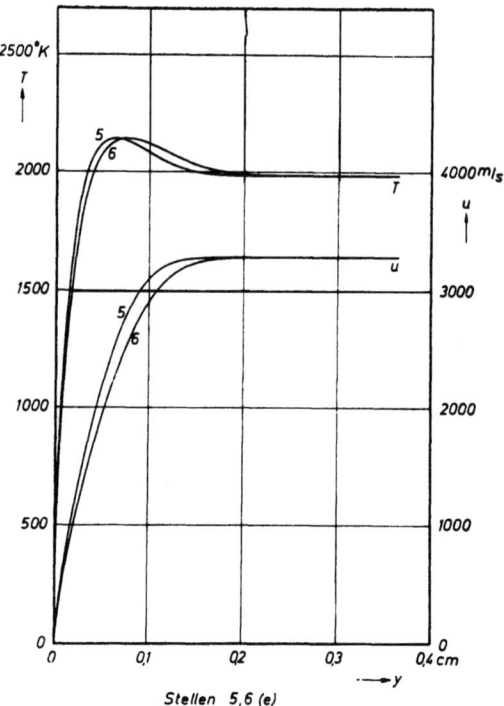

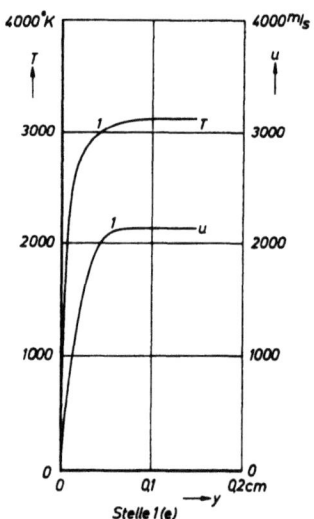

Abb. 25 Geschwindigkeits- und Temperaturgrenzschicht
p_1 = 40 Torr O_2
M_s = 8,19
$M_{\infty th}$ = 6
(e) = Gleichgewichtsströmung

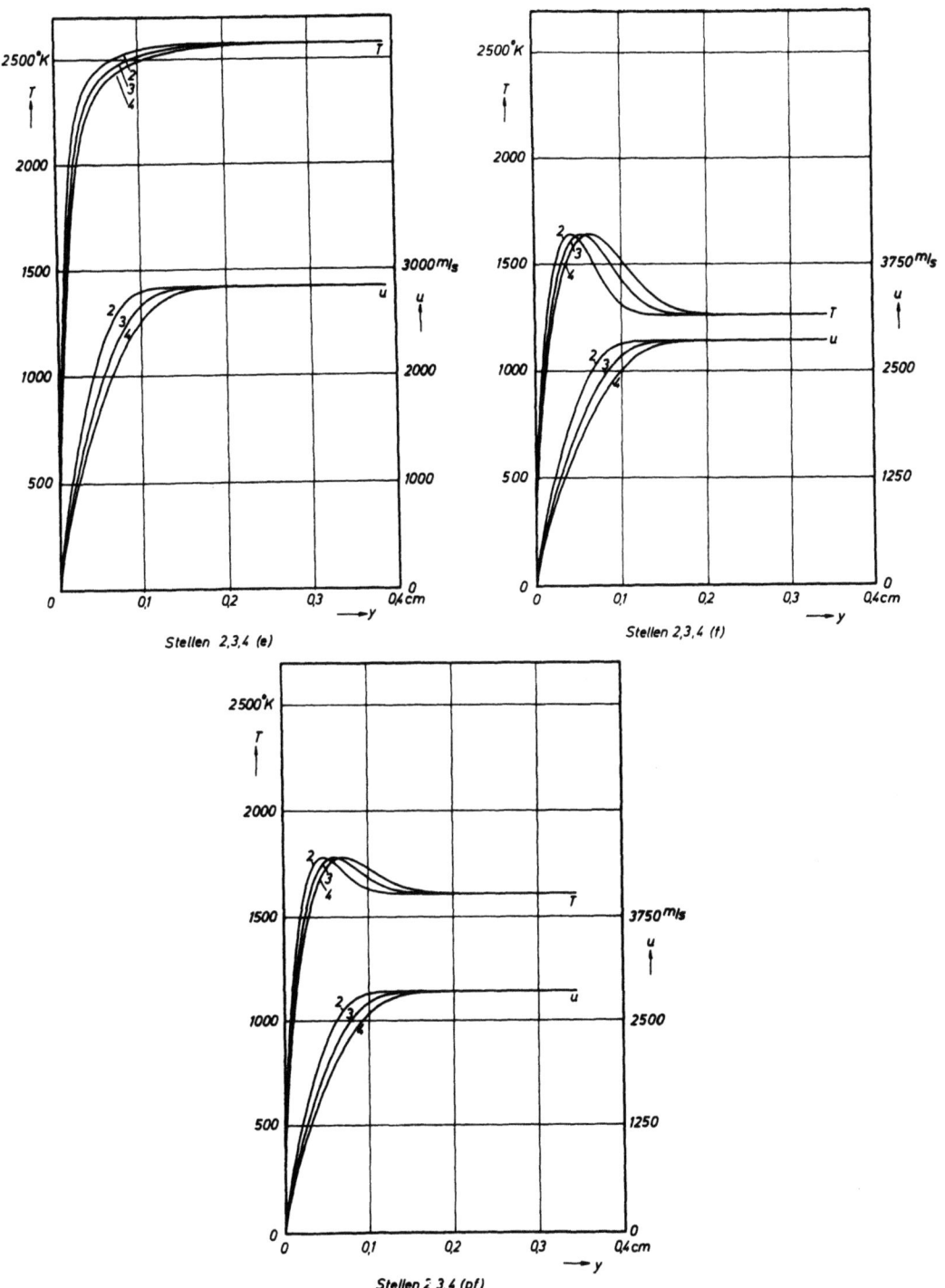

Abb. 26 Geschwindigkeits- und Temperaturgrenzschicht:
- p_1 = 40 Torr O_2
- M_s = 8,19
- $M_{\infty th}$ = 6
- (pf) = partiell eingefrorene Strömung
- (f) = eingefrorene Strömung
- (e) = Gleichgewichtsströmung

Forschungsberichte des Landes Nordrhein-Westfalen

Herausgegeben im Auftrage des Ministerpräsidenten Heinz Kühn
und des Ministers für Wissenschaft und Forschung Johannes Rau
von Leo Brandt

Sachgruppenverzeichnis

Acetylen · Schweißtechnik
Acetylene · Welding gracitice
Acétylène · Technique du soudage
Acetileno · Técnica de la soldadura
Ацетилен и техника сварки

Arbeitswissenschaft
Labor science
Science du travail
Trabajo científico
Вопросы трудового процесса

Bau · Steine · Erden
Constructure · Construction material ·
Soilresearch
Construction · Matériaux de construction ·
Recherche souterraine
La construcción · Materiales de construcción ·
Reconocimiento del suelo
Строительство и строительные материалы

Bergbau
Mining
Exploitation des mines
Minería
Горное дело

Biologie
Biology
Biologie
Biologia
Биология

Chemie
Chemistry
Chimie
Quimica
Химия

Druck · Farbe · Papier · Photographie
Printing · Color · Paper · Photography
Imprimerie · Couleur · Papier · Photographie
Artes gráficas · Color · Papel · Fotografía
Типография · Краски · Бумага · Фотография

Eisenverarbeitende Industrie
Metal working industry
Industrie du fer
Industria del hierro
Металлообрабатывающая промышленность

Elektrotechnik · Optik
Electrotechnology · Optics
Electrotechnique · Optique
Electrotécnica · Optica
Электротехника и оптика

Energiewirtschaft
Power economy
Energie
Energía
Энергетическое хозяйство

Fahrzeugbau · Gasmotoren
Vehicle construction · Engines
Construction de véhicules · Moteurs
Construcción de vehículos · Motores
Производство транспортных средств

Fertigung
Fabrication
Fabrication
Fabricación
Производство

Funktechnik · Astronomie
Radio engineering · Astronomy
Radiotechnique · Astronomie
Radiotécnica · Astronomía
Радиотехника и астрономия

Gaswirtschaft
Gas economy
Gaz
Gas
Газовое хозяйство

Holzbearbeitung
Wood working
Travail du bois
Trabajo de la madera
Деревообработка

Hüttenwesen · Werkstoffkunde
Metallurgy · Materials research
Métallurgie · Matériaux
Metalurgia · Materiales
Металлургия и материаловедение

Kunststoffe
Plastics
Plastiques
Plásticos
Пластмассы

Luftfahrt · Flugwissenschaft
Aeronautics · Aviation
Aéronautique · Aviation
Aeronáutica · Aviación
Авиация

Luftreinhaltung
Air-cleaning
Purification de l'air
Purificación del aire
Очищение воздуха

Maschinenbau
Machinery
Construction mécanique
Construcción de máquinas
Машиностроительство

Mathematik
Mathematics
Mathématiques
Matemáticas
Математика

Medizin · Pharmakologie
Medicine · Pharmacology
Médecine · Pharmacologie
Medicina · Farmacología
Медицина и фармакология

NE-Metalle
Non-ferrous metal
Metal non ferreux
Metal no ferroso
Цветные металлы

Physik
Physics
Physique
Física
Физика

Rationalisierung
Rationalizing
Rationalisation
Racionalización
Рационализация

Schall · Ultraschall
Sound · Ultrasonics
Son · Ultra-son
Sonido · Ultrasónico
Звук и ультразвук

Schiffahrt
Navigation
Navigation
Navegación
Судоходство

Textilforschung
Textile research
Textiles
Textil
Вопросы текстильной промышленности

Turbinen
Turbines
Turbines
Turbinas
Турбины

Verkehr
Traffic
Trafic
Tráfico
Транспорт

Wirtschaftswissenschaften
Political economy
Economie politique
Ciencias económicas
Экономические науки

Einzelverzeichnis der Sachgruppen bitte anfordern

 Springer Fachmedien Wiesbaden GmbH

MIX
Papier aus verantwortungsvollen Quellen
Paper from responsible sources
FSC® C105338

If you have any concerns about our products,
you can contact us on
ProductSafety@springernature.com

In case Publisher is established outside the EU,
the EU authorized representative is:
**Springer Nature Customer Service Center GmbH
Europaplatz 3, 69115 Heidelberg, Germany**

Printed by Libri Plureos GmbH
in Hamburg, Germany